汤山方山

SCIENCE TRAVEL GUIDE
科学导游指南

丛书主编　陈安泽

编著　陶奎元　项长兴　许汉奎
　　　赵慕明　叶正华　沈加林　李皓亮

上海科学普及出版社

图书在版本编目（CIP）数据

汤山方山科学导游指南/陶奎元等编著.——上海：上海科学普及出版社，2013

（中国国家地质公园丛书）
ISBN 978-7-5427-5890-3

Ⅰ.①汤…Ⅱ.①陶…Ⅲ.①地质—国家公园—旅游指南—南京市 Ⅳ.①S759.93

中国版本图书馆CIP数据核字（2013）第225463号

责任编辑：胡　伟
封面设计：李　军

中国国家地质公园丛书
汤山方山科学导游指南

陶奎元等　编著
上海科学普及出版社出版发行
（上海中山北路832号　邮政编码200070）

各地新华书店经销　上海豪杰印刷有限公司印刷
开本889×1194　1/32　印张4.375
2013年12月第一版　2013年12月第一次印刷
ISBN 978-7-5427-5890-3　定价：24.00元

本书编辑委员会

丛书主编// 陈安泽

顾　问// 王德滋

主　任// 周育刚

副主任// 刘震平　缪秀梅

委　员// 周荣根　张孝友　张　圣　韩　红
　　　　　李　娟　叶正华

主　编// 陶奎元

副主编// 项长兴

编　著// 陶奎元　项长兴　许汉奎　赵慕明
　　　　　叶正华　沈加林　李皓亮

摄　影// 沈　镛　王　辉　李皓亮　陶奎元
　　　　　项长兴　叶正华

序言

地质遗迹属于一种自然遗产，包括各种标准化石、典型的地层剖面、特征的地质构造以及具有保存价值的各种地质体。对于典型的地质遗迹应当倍加维护，因为它一旦被毁，将无法恢复。通过建设国家地质公园，能够将具有保存价值的地质遗迹有效地加以保护。

汤山方山国家地质公园位于南京市江宁区，由汤山和方山两个景区组成。它融自然景观与人文景点为一体，形成既具科学价值又具历史文化背景的旅游胜地。景区拥有典型的古生代—早中生代地层剖面，内含多种标准化石，系我国南方地层的典型代表。通过对典型地层剖面和化石的研究，可以勾画出南京地区的沧海桑田演变史。汤山葫芦洞内发现世界级的地质遗迹——南京猿人头盖骨化石，经研究属于直立人范畴。汤山还拥有驰名中外的汤山温泉和著名的明文化景点——阳山碑材。方山景区堪称天然的火山博物馆。站在中华门城堡上，向南遥望，平顶的方山清晰可见。方山是一座古火山锥，形成于距今1000万年以前，它是由炽热的（温度超过1000℃）岩浆喷至地表并快速冷凝为玄武岩堆积而成的盾形火山锥，可辨认出火山口的具体位置。方山景区还拥有著名的人文景点——定林寺和斜塔。

汤山方山国家地质公园是一个多功能的园区：一是高等院校本科生的教学实习基地；二是青少年的科普教育基地；三是融科学与人文为一体的地学旅游景区。"汤山方山国家地质公园科学导游指南"一书的出版必将激发人们对学习地球科学知识的浓厚兴趣，并将增强人们保护自然环境的自觉性和积极性。

中国科学院院士
原南京大学副校长
王德滋
2012年10月

丛书主编的话

地质公园（Geopark）是21世纪涌现出来的一项新生事物，是地质工作开拓服务领域的一项创举，是旅游业的一个新品牌。顾名思义，地质公园是以地质遗迹为主要观赏、游览对象的公园。地质遗迹听起来似乎有些陌生，其实自然界的山山水水、古生物化石等都属于地质作用形成的地质遗迹，那些以真山真水构成的自然公园，都属于地质公园的范畴，只不过在本世纪之前没有正式命名罢了。值得特别提出的是，建立地质公园的思想是中国旅游地学家率先提出的，地学家在20世纪70年代末期为中国蓬勃兴起的旅游业服务中受到启发，为了保护地质遗迹和为旅游业提供具有地学知识含量的旅游场所，于1985年先后向国务院和原地质矿产部提出建立"地质公园"、"国家地质公园"的建议，因当时时机尚不成熟而未能正式实现。20世纪末，联合国教科文组织提出了建立"世界地质公园网络（Unesco Network of Geoparks）"的倡议，中国旅游地学家抓住这个机遇，于1999年向国土资源部提出建立地质公园的建议，国土资源部接受了建议，决定开展中国国家地质公园计划。于2000年末，云南石林等中国首批国家地质公园诞生，也是世界上第一次出现"国家地质公园"。到2011年止，中国已建成140处国家地质公园，另有60处获得了建设国家地质公园资格，正在积极建设中。在中国及欧洲推动下，2004年世界地质公园正式面世，现今中国已有26处地质公园成为联合国教科文组织"世界地质公园网络"成员，并有大批省级地质公园建立。在短短的11年中，一个管理级别有序、地质景观类型多样、地理分布面广的中国地质公园体系已初步建立，地质公园已成为最受欢迎的旅游对象之一，并展现了光明的发展前景。

地质公园担负着三项主要任务：第一，保护自然环境，保护地质遗迹；其次，开展普及地球科学知识，促进全民族科学素质的提高；第三，开展旅游活动，促进地方经济社会可持续发展。地质公园中不但含有各种具有特殊科学价值和美学价值的地质地貌景观，同时往往含有重要价值的人文景观和丰富多彩的生物、气象景观。游人在地质公园中，不但可以欣赏到山水美景，享受到优良的生态环境，还可以在游览中顺便获得许多地学、生物学和历史文化知识，增加游兴，获得高层次的精神享受。

但是，由于山水形成的机理较为深奥，许多游人在游山玩水中想获得这些知识却缺乏途径。为了把地质公园内涵丰富的科学价值、美学价值和历史人文等信息更好地传递给公众，使游人在欣赏山川美景、享受自然风光的同时，能够获取科学知识、感悟历史文化熏染，我们在各级国土资源部门和各地质公园的支持下，组织了国内著名的旅游地学专家，编纂了这套"中国国家地质公园丛书"。截止2011年已出版了庐山、五大连池、黄山、张家界等9本，受到了读者的热烈欢迎，也极大地鼓舞了编写人员的创作热情。自2012年起，对丛书进行改版，将国家地质公园按批准顺序编号，加快出版各地质公园单行本，并按惯例将各省按序编卷，出版各省、市国家地质公园丛书分卷本。丛书以国家地质公园为单位，从科学导游的角度，深入浅出、图文并茂地阐述各地质公园中各类地质地貌景观的形成演变、发展过程，同时还系统地介绍公园其它自然和人文景观，使科学和人文融为一体。书中还把各种景物按园区和旅游线路组织起来，方便读者阅读使用。另外，书中也介绍了公园周边风景名胜及去地质公园时如何安排吃、住、行、游、购、娱等实用信息，对自助旅游可以起到较好的指导作用。本丛书还是了解中国自然山水、人文历史的知识宝库，具有重大的收藏价值。

本丛书是一部巨著，并将随着地质公园的发展日益增多。笔者年事已高，完成这部巨著已力不从心，企盼尽早有人接替。衷心感谢王艳君同志、各位作者、上海科学普及出版社等在编辑出版过程中的尽力协助。

陈安泽
2012年5月

目录
CONTENTS

纵览汤山方山　　　　　1

2 — 千古江宁，十代京畿

6 — 江南佳丽地

10 — 综合地质博物馆

地质历史　　　　　21

22 — 区域地质背景

30 — 地质演化历史

38 — 地质研究历史

人文历史　　　　　41

42 — 江宁历史沿革

46 — 文化方山

50 — 名人温泉诗

游览汤山方山　　　55

56 — 南京猿人洞景区

62 — 阳山碑材景区

76 — 汤山温泉景区

82 — 方山景区

思索汤山方山　　　93

94 — 南京猿人之谜

100 — 阳山碑材之谜

108 — 阳山古生物化石的形成

111 — 汤山温泉的形成

旅游资讯　　　113

114 — 行　　　116 — 住

118 — 吃　　　121 — 游

123 — 购　　　126 — 娱

中国国家地质公园丛书编制出版编目

纵览汤山方山

千古江宁,十代京畿
江南佳丽地
天然综合地质博物馆

千古江宁，十代京畿

江宁，原是江苏省一个中等规模的县。它那1573平方千米土地展延在长江南岸、南京外围，从东南西三方紧紧拥抱着这座六朝金粉、十代古都的历史名城。有人说，江苏之名的由来，是取其境内两大胜地——江宁府和苏州府的第一个字组合而成的，南京的简称也为"宁"。

江宁区位于长江三角洲"江南佳丽地"的南京市南部，从东西南三面环抱南京，介于北纬30°38′～32°13′，东经118°31′～119°04′之间，总面积1573平方千米。东与句容市接壤，东南与溧水县毗连，南与安徽省当涂县衔接，西南与安徽省马鞍山市相邻，西与安徽省和县及南京市浦口区隔江相望。

南京，简称"宁"，位于江苏西部，与安徽接壤，是江苏第一大城市，中国科教第三城，国家区域中心城市，江苏省省会，苏南现代化示范区成

▲ 江宁在中国的位置
▶ 江苏省地形
▶ 南京自古繁华地

员，江苏与安徽综合交通枢纽、通信枢纽城市和科技创新中心。南京历史悠久，是中国四大古都之一，有"六朝古都"、"十朝都会"之称，是中华文明的重要发祥地之一。南京位于长江下游，是承东启西的枢纽城市，是长三角两个副中心城市之一和重要产业城市，长江中下游航运物流中心，生态宜居城市，联合国人居署特别荣誉奖获得城市。

千百年来，奔腾不息的长江不仅孕育了长江中下游的文明，也催生了南京这座江南城市。南京襟江带河，依山傍水，钟山龙蟠，石头虎踞，山川秀美，古迹众多。

"石城虎踞,钟山龙蟠"概括了南京城周边的地势。紫金山盘桓于东,余脉向西延伸入城区,自东向西分别为太平门内的富贵山、玄武湖南岸的九华山(覆舟山)、北极阁(鸡笼山),向西由鼓楼岗延伸至五台山、清凉山,最后连接古长江冲积物堆成的黄土岗地直抵江边。以紫金山为代表的钟山山脉从三面将南京城环绕,大江则从西面流过。古代的长江河道处在现代河道以东的位置上,当时的江水从清凉山西麓拍岸而过,秦淮河则在此汇入长江,山上的石头城要塞"控江守淮",地势十分险要。在城北的狮子山(卢龙山)则是幕府山的余脉。

江宁区地处南京市中部,是"六代豪华"、"十朝京畿"之地,特定的历史和自然条件在这块富饶秀丽的土地上,留下了众多的风景名胜文物古迹。

江宁于秦始皇嬴政三十七年(公元前210年)建县,晋太康二年(281年),晋武帝南巡,慨叹"外江无事,宁静于此",至此正式定名为江宁。古金陵四十八景中有八景在江宁,东晋谢安"东山再起"等典故广为流传,湖熟文化、阳山碑材、古猿人头骨化石、南唐二陵等名胜古迹闻名中外,这些都赋予了江宁深厚的历史文化底蕴。

江宁位于长江三角洲经济发达地区,从东西南三面环抱南京主城,距离市中心仅7千米。处于我国华东地区、江苏省和南京市构筑的大交通网络枢纽地区，全区已形成了快速立体交通网络。机场、港口、铁路、公路交通体系发达，是南京对外沟通的重要枢纽。南京禄口国际机场坐落在江宁境内；拥有21.5千米长江岸线，目前已建成4个万吨级泊位，和新生圩港等共同构成亚洲最大的内河港口群；江宁区内公路四通八达，区内有等级公路1800多千米，公路密度居全国第一。沪宁高速、宁杭高速等8条国省干道，京沪高铁、宁安城际、宁杭城际铁路穿境而过；坐落在江宁区的亚洲最大的铁路站南京火车南站已启动建设，建成后从江宁至上海仅需1小时；南京地铁1号线通向江宁的南延工程已建成通车，其他轨道交通线也正在规划建设中，快速的地铁交通使江宁与主城无缝对接。

　　江宁区是具有国际竞争力的现代产业基地、科教领先的自主创新基地、区域性重要的交通物流枢纽城、环境优美的康居宜业生态城，先后被评为全国教育、科技、文化、卫生、体育、民政、环保等工作先进区。

◀ 明孝陵神道石刻
▼ 远眺江宁城区

江南佳丽地

江宁山川秀丽，名胜众多，文化遗产丰富。江宁的汤山、孔山、青龙山、横山等，岗岭绵绵，林木森森；方山、牛首、祖堂等，更是山秀景幽、自古闻名。江宁的涑淮河上承溧水、句容主源，下经南京入江。六代繁华、朱明鼎盛，都在这里留下了众多宝贵的遗迹和动人的故事。

▼ 鸟瞰方山
▶ 丰富的地热资源

江宁境内地质条件十分复杂，在漫长的地质历史演化过程中，内外营力所塑造的地貌类型比较齐全。常态地貌有低山、丘陵、岗地、平原和盆地，其中丘陵岗地面积最大，素有"六山一水三平原"之称。地势南北高而中间低，形同马鞍。境内有大小山丘400多个，主要山峰有东北部的青龙山、黄龙山、汤山、孔山等，海拔约300米，是宁镇山脉主体；西南部的横山、云台山、天马山、莺子山等，海拔多在250～350米，多系茅山余脉；中部的牛首山、方山等，海拔200～243米。

境内河道主要有秦淮河和长江两大水系。秦淮河为区境最长的河流，位于境内中部，纵贯南北，经南京市雨花台区入江，支流密布，灌溉全区一半以上的农田。境内西部濒临长江，江岸线长22.5千米，水面3667公顷。流入长江的主要干流有便民河、九乡河、七乡河、江宁河、牧龙河、铜井河等。境内主要湖泊有百家湖、杨柳湖、西湖、白鹭湖、南山湖、甘泉湖等。地下水主要有汤山温泉、冷水泉、祈泽泉、横望泉、一柱泉、宫氏泉、杨柳泉、方泉等，流水终年不断。著名的汤山温泉水温50℃～60℃，水温不受季节性气温影响，冬夏两季的水温相差1.5℃，温泉水的流量为20升/秒，平均每昼夜流量为150～500立方米。

江宁地处亚热带季风气候区，温暖湿润，四季分明，冬冷夏热。年平均气温15.3℃，无霜期237天。冬季常受大陆冷高压控制，1月是全年最冷月，平均气温为2.3℃。夏季受副热带高压影响，7月是全年最热月份，平均气温为27.9℃。年极低气温为-13.3℃，年极高气温40.7℃。

年平均降水量1060毫米，降水主要集中在6～8月，约占全年降水量的50%以上，年蒸发量1400～1500毫米。

江宁自然土壤属于黄棕壤地带，按其成土母质的差异及发育影响的不同，可分为四个部分：丘陵地区土壤主要是下蜀黄土母质发育的水稻土，分布高程为10～50米；河圩地区土壤，是次生下蜀土及山地表土，经过河流搬运及

历次泛滥沉积而成,分布高程在5～10米之间;江圩地区的土壤,是由长江冲积物发育而成,分布高程3～6米之间;山区土壤,因属低山丘陵区,标高100～200米,土壤由其母岩确定。

江宁植被属亚热带常绿阔叶林和落叶阔叶林的混交林带。由于受到自然因素制约和人类活动的影响,自然植被逐渐为人工森林植被和农田栽培植被所代替。区内植被除分布有胡颓子、冬青、紫楠、苦槠、小叶女贞等常绿阔叶林外,还有乌饭树、杜鹃及零星分布的铁芒箕等酸性指示植物。江宁区是林业生产基地,马尾松、杉木、黑松、毛竹等广为分布。多数山地已经层峦叠翠,绿帐千仞,十分幽邃。

江宁在区系上属于东洋界,动物群落上则为东部耐湿动物群。因受自然条件制约,本区动物为亚热带林灌、草地、农田动物群。由于受人类活动影响,野生动物日趋减少。据不完全统计,研究区内有脊椎动物200余种,其中家禽家畜有牛、马、驴、骡、猪、羊、犬、猫、鸡、鸭、鹅、兔;野兽有獾、狐、黄鼠狼、狸猫、刺猬、獐、狼、穿山甲、鼠类等;鸟类有麻雀、小山雀、雉、乌鸦、喜鹊、鹞、鹰、野鸭、猫头鹰、杜鹃、啄木鸟以及雁、燕子等候鸟;爬行动物有七寸蛇、土公蛇、火赤链、山泥鳅、鸡冠蛇、水蛇、龟、鳖等;两栖动物有青蛙、蟾蜍等;

鱼类主要有鳊鱼、鲢鱼、鲤鱼、草鱼、青鱼、鲫鱼、白鳝、黄鳝等。还有蜜蜂、蜻蜓等多种昆虫以及蚌、虾、蟹、蚯蚓等和多种多样农业和林业的益虫和害虫。

◀ 野趣
◀ 方山之夏
▲ 獾
▼ 雨后

江宁矿藏资源丰富，主要矿藏有6类25种。金属矿种有铁、钒、铜、锰、钴、金等，其中铁矿储量达3亿吨，铜井金矿是全省最大的金矿。非金属矿藏主要有硫、磷、大理石、石英石、玄武岩、硅化石、重晶石、钾长石、石灰石等20余种，其中石灰石的储量最大，探明储量5亿吨左右；硫储量2000万吨，约占全省储量的35%。

江宁的山川形胜，曾引得历代诗人文士泼墨挥毫，发于题咏，传诸后世。"绿水向雁门，黄云蔽龙山"是"诗仙"李白的隽语；"谢公舍，世去值艰难"，则是宋代大诗人苏轼在东山的慨叹。唐代七绝圣手王昌龄、清代性灵派大诗人袁枚等，都曾在江宁写下大量诗篇，赞美这里的山川人文，寄托着他们对这片土地的热爱与怀念。

天然综合地质博物馆

江宁汤山方山地质公园,是以汤山猿人洞、地质剖面、温泉、新近纪火山为主题的综合性地质公园,分汤山园区和方山园区,总面积38.4平方千米,主要地质遗迹面积18.4平方千米。地质公园内地质遗迹丰富,且具多样性与典型性,具有重要的科学意义与综合价值。

▼ 方山远眺
▶ 阳山古采石场(南朝始)石灰岩地貌

江宁汤山方山国家地质公园,是以汤山猿人洞、地质剖面、温泉、新近纪火山为主题的综合性地质公园,分汤山园区和方山园区,总面积38.4平方千米,主要地质遗迹面积18.4平方千米。地质公园内地质遗迹丰富,且具多样性与典型性,具有重要的科学意义与综合价值。

江宁汤山方山国家地质公园内地质遗迹具多类型性,同一类型中又有多样性。江苏江宁汤山方山国家地质公园是由五大主题的地质遗迹构成。

1. 具有世界意义的汤山南京猿人洞与汤山动植物化石群；
2. 具有全国大区域对比意义的典型地质剖面走廊；
3. 中国历史名泉当代中国温泉之乡——汤山温泉；
4. 在中国东南部具有代表性的新近纪（10Ma±）方山火山机构；
5. 守望600多年的皇家采石遗迹，阳山碑材——上海大世界吉尼斯之最。

汤山溶洞中南京猿人与汤山哺乳动物群

中国房山世界地质公园中有北京周口店猿人洞。据中国科学院古脊椎动物研究所吴汝康、吴新智院士等研究，1993年在南京汤山发现的猿人1号头骨与北京猿人既有相似之处，也有区别。

吴新智曾指出我国现代的华南人与华北人之间无论在骨骼形态和面貌上，以及在遗传物质上都有明显的差别。这些差别在一些方面和一定程度上可以延伸到新石器全新世时代。如新石器时代，两地区头骨的差别在上高指数、眶指数、鼻指数等方面均表现得较明显，前两个指数大体上是北方的人高而南方人低，但鼻指数却是北方人低而南方人高。南京猿人与北京猿人的差异，为我国华南人与华北人的区别可以追溯到更早的中更新世提供了依据。

从上述比较可以认为南京猿人的

意义具有不可替代性。

南京猿人有一个头骨，一个头盖骨，头骨还保存有鼻骨。迄今，发现两具头骨的仅有坦桑尼亚、肯尼亚、北京、南京和湖北省郧县五处。南京猿人两具头骨发现于同一洞穴，这在世界上是极罕见的，为我国猿人化石宝库。

南京猿人的发现为我国古人类学家提出东亚区是古人类发源地、苏皖是古人类发源地之一提供了新的证据。对研究我国人类起源与进化、基因交流与遗传继承、地区性华南人与华北人异同，提供了极为珍贵、真实的新证据、新材料，具有全球性对比的重大科学意义。

汤山溶洞中，发育有距今约100万年和距今60万~16万年间的地层及动植物群，种属数量多，它不仅填补了华南

南京猿人与北京猿人的比较

南京猿人	北京猿人
枕部的轮廓线后弯度小而不明显后突，不呈发髻状	枕部轮廓线弯度较大，明显后突，呈发髻状
头骨宽度相对长度显得较宽	头骨宽度相对长度显得较窄
鼻梁显著向前突而高耸，上颌额骨有呈丘状膨隆的结构	北京猿人鼻骨未保存
颜面上部扁平较高，纵向突度强	颜面上部扁平度不高，纵向突度也不强
面部更低而相对较宽	面部稍高，相对较窄

◀ 葫芦洞
▲ 汤山哺乳动物群化石
▲ 汤山南京猿人头骨化石
▼ 南京猿人复原图

地区某些方面的空白,而且对研究我国地区性古气候、古地理、古环境变化具有重要意义,这在已批准的国家地质公园与世界地质公园中也是极罕见的。

哺乳动物化石群　汤山葫芦洞除发现南京猿人外,还在洞穴堆积物中发现大量的哺乳动物化石,被称为汤山生物群。除此,在葫芦洞附近的驼子洞还发现距今约100多万年的驼子洞动物群。这在国内外是罕见的,它不仅补充了华南地区这方面的空白,而且为研究我国古气候、古地理、古环境的变迁提供了丰富的真实材料。

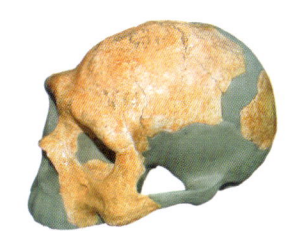

这一地区还发现了中国(长鼻)三趾马、黄河马、皮埃硕鼯狗、阿韦尔纳猎豹等动物,这在长江中下游是首次发现。王志高等认为驼子洞动物群是长江中下游地区为数不多的几个早更新世动物群之一。其中中国(长鼻)三趾马和黄河马的出现不仅说明当时三趾马曾经跨越长江,突破了过去关于中国(长鼻)三趾马仅存于北方的认识,扩大了这一动物的分布范围。

- 石炭系地层剖面图
- 地质剖面

洞穴内钟乳石、石笋,不仅具有美学价值,而且由于其生长缓慢,质地极纯为研究古气候变化提供极佳的测定对象。

地层剖面走廊

汤山是中国地质工作者的摇篮——宁镇山脉地质西段的核心区。自1935年李毓尧等以汤山之名创立汤山系之后,历经我国几代地质学家70余年的研究,测制了奥陶系、志留系、泥盆系、石炭系及二叠系、三叠系等地质剖面,被称为地质剖面走廊,在地质界有很高的知名度。同时,公园内还发育了中生界、新近系和第四系洞穴堆积的重要剖面。

迄今已批准的国家地质公园中,有浙江常山(奥陶系达瑞威尔层型剖面)、河北秦皇岛柳江国家地质公园(华北地区地层剖面)、安徽八公山国家地质公园(晚前寒武—寒武系地层,7亿~8亿年生物群)、河北阜平天生桥国家地质公园(阜平群28亿~25亿年地层)、爱尔兰铜岸世界地质公园(古欧洲地块奥陶系火山沉积岩及不整合覆盖其上的泥盆系砂岩,石炭系碳酸盐岩与火山岩地层)、河南嵩山国家地质公园(华北地层剖面)、云南澄江国家地质公园(寒武系)等。

江宁汤山方山国家地质公园的地质剖面,主要是属于华南地层区,特别是代表长江中下游的古生界地质剖面,与上述涉及地层的地质公园有区域性的不同,更值得指出的是,公园内地质剖面是我国重要的地质教学实习基地。

宁镇山脉是我国最早进行现代地质调查的地区之一,地层、古生物研究在国内领先,一些地层名称和论著驰名于世。位于宁镇山脉西部的汤山地区是古生界地层出露最好的地区之一,化石丰富、层序清晰,研究历史悠久。许多层型剖面创名于此,如汤山组(O2t)、汤头组(O3t)、坟头组(S1-2 f)等,形成了汤山团子尖—汤头村奥陶系、坟头—珠山志留—泥盆系,孔山北坡泥盆—石炭系,碑材附近二叠—三叠系地层剖面走廊。经过70余年研究,公园既有汤山组、汤头组、坟头组、青龙群等层型剖面,也有其他组的典型剖面。剖面层序清楚、界限明

晰、化石丰富,出露良好,研究程度高,对大区域地层对比乃至全国及全球地层对比都具有特别重要的意义。

江宁方山的洞玄观组与方山组是程裕淇等创名(1948年8月发表),曾做过详细研究的地层,对确定区域火山活动时代有重要意义。

汤山地质公园的地层与构造地质,以及伴随岩浆活动记录了宁镇山脉地层构造演化中的标志性地质事件,是宁镇山脉地质史的重要记录。

古今闻名的汤山温泉

目前我国的国家地质公园中,拥有温泉的为数不多,其中与火山有关的温泉有云南腾冲、内蒙古阿尔金等。广东恩平地热国家地质公园则是以地热温泉为主题的地质公园,该园位于复合花岗岩体的边缘,同时伴有花岗岩、巨型石英脉等地质遗迹。

汤山温泉有以下特点:(1)成因上属深层循环地热增温,兼与岩浆活动有关的地热流体,具较大水头压力;(2)水质优良,具有健身医疗的作用;(3)汤山温泉淀积丰富的温泉文化,特别是留下民国政要的史迹,有很高的知名度;(4)地处南京都市圈,为全国温泉开发利用示范区,温泉产业已有较好开发与利用。

汤山温泉堪称中国历史上名泉之一,于2008年又评为中国温泉开发利用示范区。经水文地质研究,汤山温泉水属碳酸岩岩溶裂隙水(水温53~65℃,30~39℃,可以煮熟鸡蛋)为主,同时有碎屑岩层面及火成岩裂隙水,以及残坡积层孔隙水。确定其为深层循环地热增温为主导的地热流体,具较大水头压力。地热资源分布面积达27平方千米,允许年采量

为172.6万立方米/年，水质优良，为H_2SiO_3，氟医疗热矿水，Sr含较高。汤山温泉具有温泉洗浴、辅助医疗、休闲娱乐等功能。

中国东南部具典型性的新近系火山机构

江宁方山以其山形独特而闻名，成为当地地标性景观之一。江宁方山是中国东南部，特别是苏皖浙等地新生代火山活动高峰期的代表性火山，火山机构裸露清楚。方山山形独特缘于它是距今1000万年前新近纪中新世时期一座火山。由于这座火山的典型性、代表性、完整性，早在1948年我国地质学家做过详细研究而闻名。火山喷发的玄武岩层层叠叠，组成了方山主体。玄武岩之下为古河流沉积砂砾岩，即地层学上有标准意义的"洞玄观组"的创名地。砂砾岩中发现安琪马等化石。山脚下片片红砂岩则是距今约8000万年前，晚白垩纪赤山组砂岩层。方山由上而下，由玄武岩、砂砾岩、砂岩三层楼式结构，它是大地变迁的天然档案，它向人们诉说地球科学的一段故事。

江宁方山、火山与其他地区同期火山比较，不仅在于它具有典型性和代表性，而且经我国地质界前辈程裕淇、沈永和的研究已成为我国近代火山地质学的一份经典性研究。这在同时代、同

◀ 汤山古生界地层化石
◀ 汤山温泉
▲ 汤山温泉
▼ 方山火山

▲ 绳状玄武岩
▼ 阳山碑材古采石场
▶ 巨大的阳山碑材

类火山的研究成果上贡献是突出的。

　　新近纪方山火山机构，与福建漳州、台湾澎湖同时代火山比较，方山火山熔岩锥与火山颈裸露更为清楚、完整。

　　方山、火山是南京地区乃至苏皖浙闽地区以及台湾澎湖地区新生代火山活动高峰期的一个代表。自火山喷发结束之后，虽经过约1000万年剥蚀风化，但火山内部的机构保存良好，熔岩流、集块岩

锥层与充填火山通道的火山岩颈裸露清楚，从火山机构而言它具有完整性与系统性。方山是我国最早撰写科普旅游论著、开展地质旅游地区之一。

皇家采石遗址

地质科学与皇家历史文化相结合的阳山碑材在我国具有唯一性。这是基于以下几点考量：

1.阳山碑材遗址区是大面积栖霞灰岩出露区，灰岩中同生构造与次生构造极其典型，并有珊瑚、腹足类、头足类、腕足类、苔藓类等化石，是一个极佳的科普旅游点。

2.碑材开凿于明永乐二年（1404年）十月，停采于永乐三年八月。最早南朝开凿大型石雕场地，迄今已有一千五百多年。它是明永乐帝朱棣为其父皇朱元璋建大明孝陵神功圣德碑而凿的。

3.碑材在选址、选材、开凿方式均展示明代高超的巨型石材采凿工艺。开凿碑身、碑头、碑座三大构件时，充分考虑到各块体的裂开（断裂）的边界。

4.规模宏大，三块毛坯的高度达40米（39.59米），总体积达3638立方米，总重量9677吨。它被认为是我国历史上毛坯碑材之最，而列入大世界基尼斯记录。据记载山东曲阜景灵宫前甲、乙两组四通石碑最大的甲对碑，碑身高8米，宽4米，厚1.33米，碑座高6.33米，宽5.33米，长7.83米，碑头高6米，宽5.33米，厚1.37米，其规格尺寸远小于阳山碑材。

5.阳山碑材未运至孝陵完成建碑，成为其后六百多年人们探索的一个历史故事，留下种种的推断与传说。

6.阳山碑材已建成明文化村旅游区。1996年第30届世界地质大会的代表曾考察该区。代表们既看到了早二叠世栖霞灰岩及其中的各种化石,也看到我国古代开凿大型石雕及石碑的工艺,为其规模宏大而震撼,称之为"世界奇迹之一"。

江宁汤山方山国家地质公园五大地质遗迹景观,分布在汤山、阳山(孔山)及方山,汤水河、九乡河、秦淮河绕山而过,安基湖、汤泉湖、天印湖镶嵌在绿色山体之间,构成了南京城市发展中一条绿色屏障。猿人洞(溶洞及南京猿人发掘地),阳山碑材—明文化村,方山火山已建成景区,成为人们观光审美之地,人们可观赏被称为"惊世发现"的60万年前南京猿人(洞)与溶洞内钟乳石,被称为千年圣汤的温泉,1000万年前喷发的火山遗迹;600多年前明代朱元璋之子朱棣为父皇开凿的大明孝陵神功圣德碑碑材原址等,融合地质与人文的遗迹奇观。

▲ 明文化村

地质历史

区域地质背景
地质演变历史
地质研究历史

区域地质背景

汤山方山国家地质公园地处宁镇山脉西段,按近代构造区划属于华东大陆边缘板块下扬子裂陷盆地区的苏南隆起区,而白垩纪前等下扬子板块江南地体北缘。

▼ 隆起造成的地质构造
▶ 汤山及周边地区地层表

宁镇山脉位于中国东部江苏省境内,呈近东西向分布,北濒长江(亦称扬子江),西起南京市,向东经镇江市至武进县孟河镇,东西长约100余千米,山体略向北突出,东窄西宽,呈弧形展布。宁镇山脉属低山丘陵,地势总体呈西高东低,海拔为200~400米。宁镇山脉地层发育较齐全,岩浆岩类型多,地质构造现象颇为典型,是地质考察研究和教学实习的良好场所,是我国最早开展地质工作地区之一,研究程度很高。

区域出露地层

汤山方山国家地质公园及周边地区地表出露地层，由老到新依次为古生界寒武系（上统）、奥陶系、志留系、泥盆系、石灰系、二叠系；中生界三叠系、侏罗系、白垩系；新生界第四系。园区内火成岩，主要为燕山期石英闪长斑岩、次石英安山岩。

界	系	统	代号	地层单位	岩层厚（米）	地质年龄（百万年）	岩性简述
新生界	第四系	全新统				0.0115	灰白、褐黄色园砾、砂、粘土
		更新统		下蜀组		1.806	棕黄色粘土
	新近系	上新统		雨花台组		5.33	泥砂砾层夹玄武岩，产雨花石
		中新统				23.03	
	古近系	渐新统		三垛组		33.9	棕黄色砂泥岩
		始新统		戴南组		55.8	灰白砂泥岩夹玄武岩
		古新统		阜宁组、泰州组		65.5	棕红色砂砾岩
中生界	白垩系	上统	K_2	浦口组、赤山组	678	100	紫红色砂岩、砂砾岩、粉砂岩
		下统	K_1	扬冲组、上党组、圃山组（葛村组）	2174	145	流纹岩、粗面岩、集块岩等火山岩
	侏罗系	上统	J_3	西衡山组、龙王山组、云合山组、大王山组	2000	161	下部为紫红色砂岩、集块岩等火山岩
		中下统	J_{1+2}	象山组	380	176	长石石英砂岩为主，下部为砂砾岩层，上部页岩夹薄煤层
	三叠系	上统	T_3	范家塘组	225	200	细砂粉砂岩夹煤层
		中统	T_2	周冲村组、黄马青组	1469	237	紫红色细砂、粉砂岩
		下统	T_1	下青龙组、上青龙组	432	251	泥灰岩、白云岩、石膏岩
	二叠系	上统	P_2	龙潭组、大隆组	214	284	碳质页岩，粉砂岩含薄煤层
		下统	P_1	栖霞组、孤峰组	223	299	臭灰岩、燧石灰岩、硅质岩、砂页岩含磷结核，有蜓、珊瑚、菊石等化石
	石灰系	上统	C_3	船山组	40	306	灰白色夹黑色灰岩，含葛万藻和蜓类化石
		中统	C_2	黄龙组	84	318	质纯灰色、底部为粗晶灰岩，含蜓类珊瑚等化石
		下统	C_1	金陵组、高骊山组、和州组、老虎洞组	96	359	灰岩、砂岩、泥灰岩、燧石等，含珊瑚、蜓类、腕足类、海百合茎等化石
中生界	泥盆系	上统	D_3	五通组	70	385	石英砂岩，顶部为页岩、粘土岩
		中下统	D_{1+2}	观山组	100	428	中粗粒石英砂岩，底部石英砾岩
	志留系	上统	S_2	茅山组	26	436	荧缘、灰紫、紫红色粉砂岩、细砂岩
		下统	S_1	高家边组、侯家塘组、坟头组	1539	444	杂色粘土质砂岩，粘土岩含三叶虫、笔石等化石
	奥陶系	上统	O_3	大田坝组、宝塔组、汤山组、五峰组	20	461	瘤状灰岩、泥灰岩、粘土岩，含三叶虫、笔石、腕足类等化石
		中统	O_2	汤山组	36	472	生物碎屑灰岩、泥灰岩，含直角石等化石
		下统	O_1	仑山组、红花园组、大湾组、牯牛潭组	295	488	灰岩、白云质灰岩，含牙形刺、鹦鹉螺、腕足类、三叶虫草、腹足类、苔藓虫化石
	寒武系	上统	ϵ_3	观音台组	625	501	白云岩、燧石灰岩

National Geopark of China | 中国国家地质公园丛书

▼ 汤山方山地质图和地质剖面图

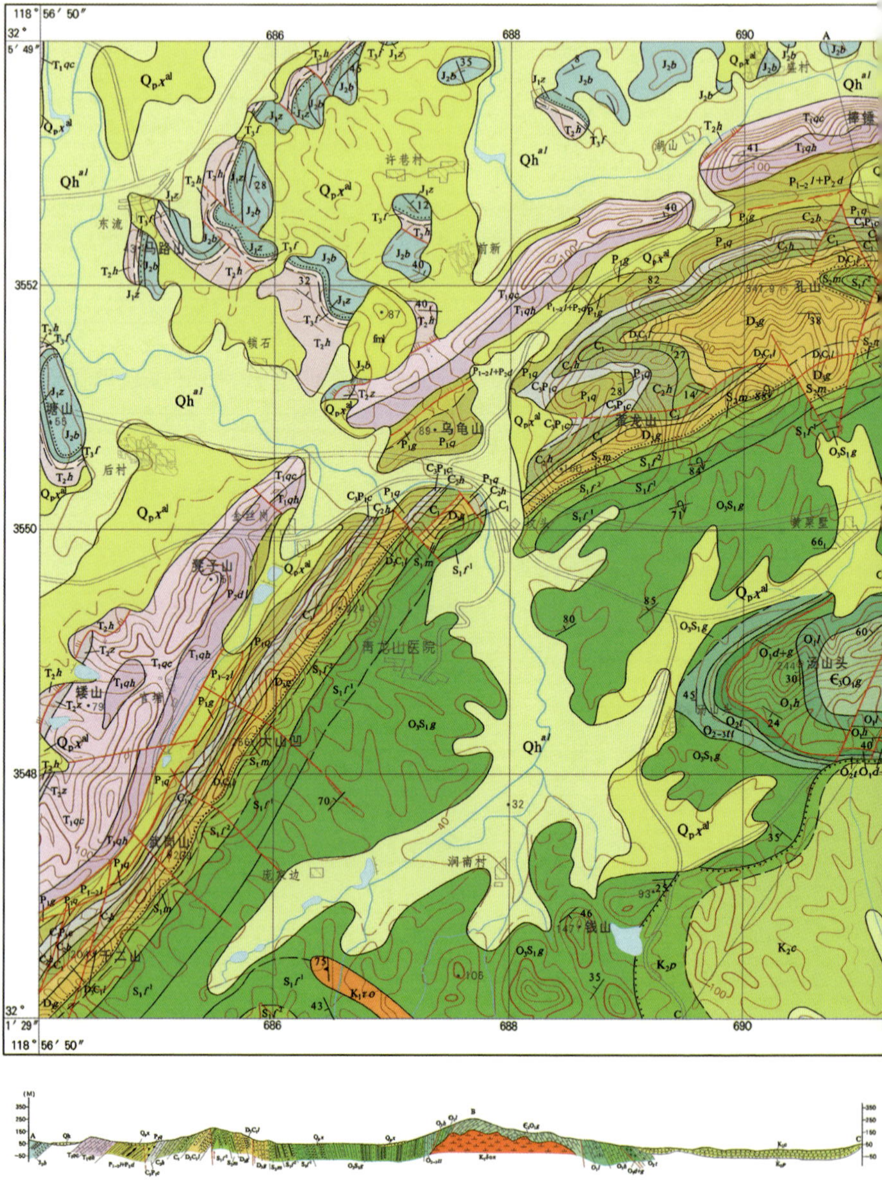

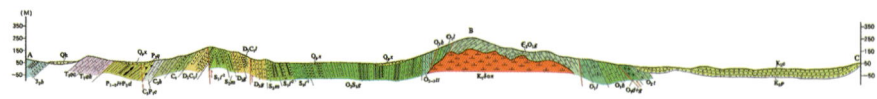

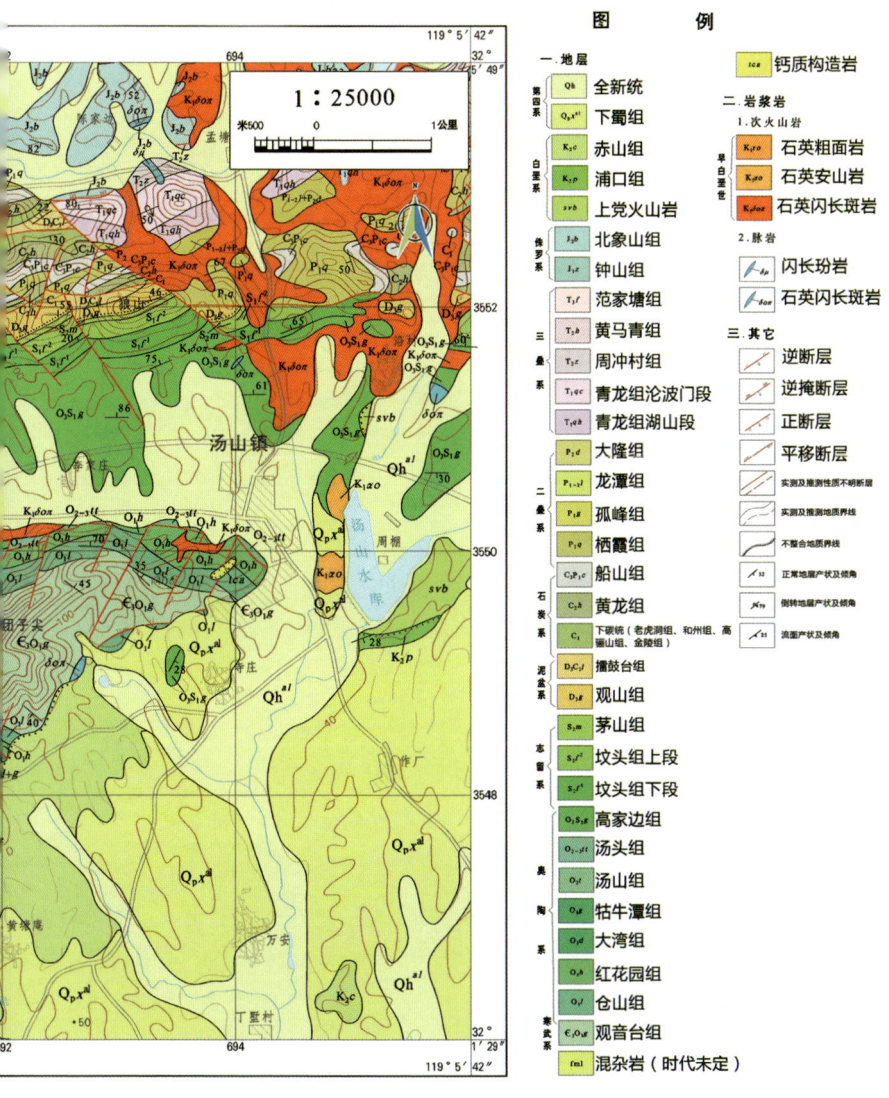

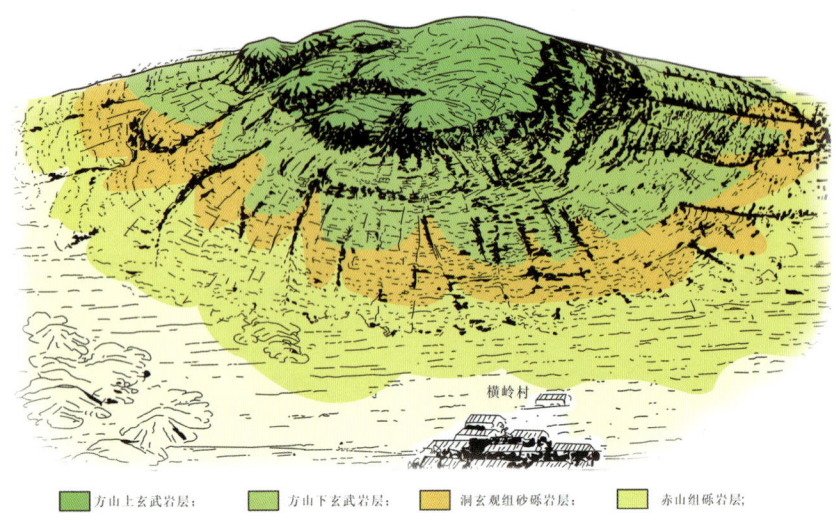

■ 方山上玄武岩层； ■ 方山下玄武岩层； ■ 洞玄观组砂砾岩层； ■ 赤山组砾岩层；

　　方山园区地表出露地层由老到新依次为中生界白垩系上统赤山组、新生界第四系中更新统洞玄观组（Q2）、上新世方山组火山岩系，1947–1948年程裕淇与沈永和对方山火山进行地质调查时创建，分为上玄武岩与下玄武岩。全国地层对比研究后，1974年拟定方山组含义是一套玄武岩，其上下为橄榄玄武岩，中部为凝灰质砂砾岩、凝灰质细砂岩、粗砂岩及凝灰岩，定为E层型

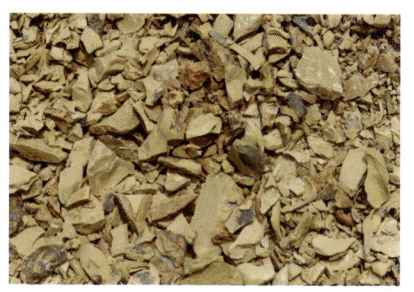 

剖面。与下伏地层洞玄观组，上覆下蜀组呈平行不整合接触。据同位素方法测定，其地质年代为1032万、1089万年。

构造

褶皱

　　江宁汤山方山国家地质公园园区内褶皱主要形成于晚三叠世末到中侏罗世的印支晚期，最主要的褶皱是园区南部的涧南村—汤山复式背斜（区域上属汤山—仑山复式背斜的西段）。该背斜轴为北东80°走向，核部由寒武—奥陶系地层组成，两翼为上古生界地层。北翼地层倾角陡立或倒转，南翼产状平缓，南北两翼倾角的差异，

◀ 方山火山立体示意图
▲ 泥岩（左）、火山岩（右）
▼ 宁镇山脉一角

▲ 断层
▼ 地质构造
▶ 断层

显示褶皱轴面向南倾斜。

园区北部发育塘山—许巷村复式向斜,是区域上桦墅—亭子复式向斜的西段。该向斜轴向由西段的北东50°向东渐转为近东西向,北象山组组成核部,两翼为中、上三叠统,均向核部倾斜。北翼倾向较缓,约为20°~30°,而南翼较陡,为50°~80°,向斜被北西向逆平断层切断而不连续,西端仰起。

断层

园区断裂构造及其发育,种类繁多,大多数断裂形成于燕山期—喜山期,即太平洋构造域大陆边缘活动带阶段,即使印支期及其以前特提斯构造域发育的断裂,也往往在后期大陆边缘活动带阶段又重新活动加以改造。因此,难以确切区分各断裂的时代,故按其方向与性质加以划分。

1.近东西向弧形逆掩断层:横穿园区北部矮山—孟塘逆掩断层是区域上徐家山—金子山逆掩断层的西段,走向由北东东逐渐转为东西向,总体为向北西突出的弧形。断层倾向南,倾角低缓。园区内断层上盘由上寒武统—中三叠统构成的涧南村—汤山复式斜背,下盘为中、下侏罗统及中、上三叠统构成的宽缓的圹山—许巷村复向斜,前者逆掩在

后者之上。

2. 北西向平移断裂：园区北西向平移断裂发育，较大规模的一条位于园区东侧的汤山镇东—孟圹采石场东，是区域上庙山—狼山北西向大断裂的南段；另一条延伸较长的是位于园区东部的钱山西—东流东的北西向断裂。两条断裂走向为北西300°～310°，倾向北东，倾角80°左右。

3. 北北东向逆平移断裂：中生代以来，中国东部强烈发育并广泛分布北北东向构造，李四光称之为新华夏系构造，它是大陆边缘活动带的主要构造之一。园区所在的宁镇山脉北北东向构造以断裂为主要表现形式，并位于方山—小丹阳，桥头—大卓两大北北东向断裂之间，仅见一些规模较小的北北东向断裂。其中规模稍大的一条即位于园区中部的汤山—孟圹采石场断裂，断裂面向北西西倾斜，具左行逆平性质。

4. 近东西向断裂：区域上近东西向断裂一般都切割白垩系等新地层，是一种形成较晚的断裂系，它们在空间上主要分布在凹陷与凸起交接部位。地质公园东北部沿城东西向断裂即是区域上汤山—杜榨断裂的西段，位于涧南村—汤山复式背斜与塘山—徐家巷复式向斜的交接部位，并控制着早白垩世侵入岩及火山岩的分布，具有明显的拉张性质。

地质演化历史

宁镇山脉地区在中元古代早期，下扬子地区为一宽广的大陆边缘岛弧带。新元古代早期华南洋板块相对于下扬子板块南缘的挤压碰撞作用，使下扬子众多小地体拼结固化，统一的下扬子板块形成，此后下扬子板块进入了盖层发育阶段。根据区域与园区盖层的岩石组合、沉积相、火山活动、不整合面等所反映的地壳构造运动差异，可划分南华系—下古生界、上泥盆统—中三叠统、中三叠统黄马青组—中侏罗统、下白垩统、上白垩统—第四系五个构造层时期。

▼ 宁镇山脉
▶ 宁镇山脉——汤山地区地质年代与地层

在地壳发展的过程中，一定构造单元内的一定构造阶段所形成的岩石组合体——构造层，在时间上代表了地壳发展历史的一定构造阶段，空间上代表构造运动所影响的范围。因此，在不同的大地构造背景下，则表现出不同的特色。

汤山方山国家地质公园范围，地处宁镇山脉的西部，根据本地区所见地层、构造和岩浆活动情况，对汤山方山地区地质发展史简述于下：

早古生代时期

早古生代时期（寒武—志留纪）形成的岩石组合，主要为一套硅质岩、炭质页岩、碳酸盐岩、砂页岩等海相为主的沉积物，总厚为3100余米，可称加里东亚构造层。以代表早加里东运动的奥陶系与志留系之间的平行不整合面为界，分为上、下两个构造层。

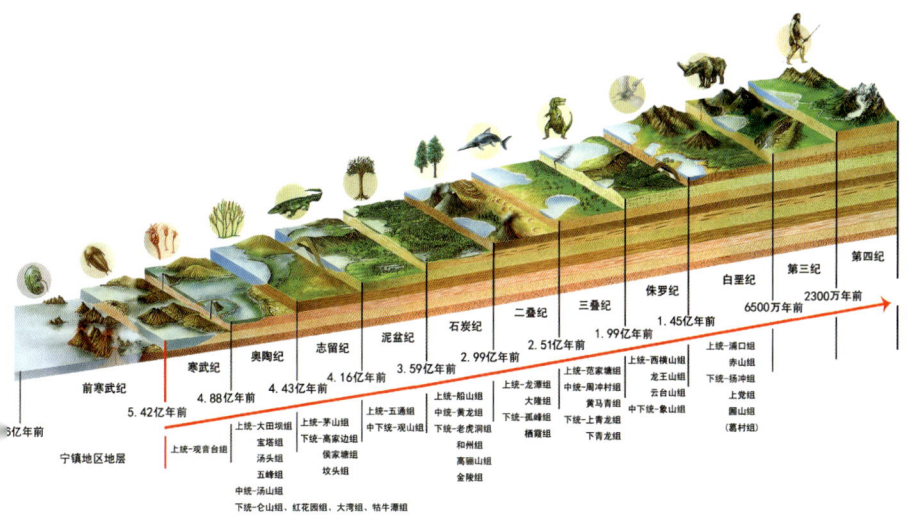

　　下小构造层系指早寒武世至奥陶纪末形成的岩石组合。主要由一套海相碳酸盐岩组成，厚度大于1200米。包括底部的含磷硅质炭质单陆屑、下部的白云岩型蒸发式、中部的远陆源泥质碳酸盐和上部远硅质等四种沉积建造。

　　上小构造层由整个志留纪时期形成的岩石组合构成。主要为陆棚、海滩、盆地边缘及三角洲相沉积，为一套巨厚笔石相杂色单陆屑建造，总厚大于1880米。

　　早古生代基本上继承了震旦纪的构造格局，沉积了一套反映海侵—海退系列的沉积旋回。从地质演化历史看，早寒武世初期在晚震旦世末期出现的短暂水下隆起之上，形成凹凸不平的界面，因此缺失梅树村期和部分筇竹寺期沉积，故寒武系与震旦系间表现为平行不整合接触。

　　在区内自西向东下寒武统沉积厚度减小。含磷层位也随之减薄，到坪城、孟河地区渐灭。反映由西向东的海侵方向，西部沉降幅度大，东部小。形成的沉积物为浅灰色页岩夹硅质岩，变质页岩夹石煤层和泥灰岩，泥质白云岩等。本基因含镁较高，生物较少，以过渡型三叶虫（*paokannia*、*redlichia*、*Mufushania*）生物群为主。此外，还出现少量*Hyolithes*，表明本区生物演化进入了一个新的发展阶段。中、晚寒武世，本区属于咸化的不正常海，海水升降频繁，总体显示海退，形成平坦的镁碳酸盐局限台地，沉积了600多米的巨厚白云岩。当时气候干热，海水含盐度高，不利于生物繁衍，故化石极少。

　　奥陶纪继承了寒武纪的海域范围连续沉积。早奥陶世开始，海水逐渐淡化，镁质成分显著减少，泥质增加。鹦鹉螺、腕足类、三叶虫等大量繁殖，构成具明显特色的扬子动物群。

　　俞剑华等认为，从早奥陶世仑山期到晚奥陶世汤头期为慢速海进—海退

的完整旋回。仑山期为开阔台地，形成以准同生交代白云岩及亮晶—微晶灰岩为主的沉积，生物仅富集于局部层段；红花园期至大湾早期，海水范围不断扩大，形成台地边缘浅滩相沉积，海水循环良好，动荡较强烈，生物繁盛，并以内角石—前环角石动物群为主，伴有腕足类等生物，牙形石由单锥型向复合型演化，并出现大量台型分子；大湾晚期至牯牛潭期海侵继续扩大，达到最大海浸期，形成了台地前缘斜坡带的较深水环境，沉积了含粉屑生物碎屑微晶灰岩为主的沉积物。生物以头足类和腕足类为主，牙形石也极为丰富，以单锥型和复合型共生为特色；自中奥陶世大田坝期开始，海水退缩，形成局限台地的潮间环境，并间歇性地暴露出水面，形成干裂纹构造；宝塔晚期—汤头期为海退的最低潮，出现潮上环境沉积物，以瘤状泥灰岩、泥岩、页岩为主。生物出现 Cyclopyge–Hamnatonemis–Nankinolithus 为主的三叶虫动物群组合；五峰期为快速海进、海退旋回。海盆快速下降，缺乏陆源物质补给，形成非补偿性的深海盆地，沉积了具水平纹层理的硅质页岩，富含营漂浮生活的笔石动物。

区内自西向东，早奥陶世沉降幅度的变化和海底地形特征与寒武纪晚期较相似，至中奥陶世宝塔期开始出现相反情况，东部沉降幅度大，而西部小。志留纪是奥陶纪末期地壳上升，海水退缩，局部隆起的条件下开始的。早志留世高家边期，海水加深，沉积了一套笔石相细碎屑岩系。其厚度由西向东增大。中志留世坟头期开始海退，形成浅海—滨海环境，沉积泥岩、粉砂质泥岩、岩屑石英砂岩等，含鱼类、三叶虫、腕足类和瓣鳃类生物。沉积物厚度仍继承着早志留世东厚西薄的差异，同时，沉积物粒度也出现西部较东部粗的趋势。坟头晚期，这种差异逐渐缩小。晚志留世继续海退，形成滨海—三角洲环境，堆积一套粗碎屑岩系，主要分布在汤山、仑山以南地区，北部地区全部缺失。出露区厚度仅为1.26～26.50米，较东南的宜兴—溧阳、苏州—无锡地区小得多，可见当时正处于相对隆起的环境，生物以鱼类和腹足类为主。

总之，在志留纪海侵—海退演化过程中，海侵时期短，海退延续时间较长，沉积旋回总体显示海退序列。

晚古生代时期

包括整个晚古生代时期形成的岩石组合，称海西亚构造层。主要由下部的陆—海—陆交替相碎屑岩为主、上部的开阔台地相碳酸盐和陆—浅海相含煤碎屑岩为主等两大部分组成，相应地划分为上、下两个小构造层，总厚约820米。

下小构造层由上泥盆统和下石炭统组成。包括由陆相—滨海—浅滩—潮坪—泻湖相构成的陆缘相灰色单陆屑和远单陆屑碳酸盐建造，厚255米。其厚度变化较大，总体显示由北西向南东呈减薄的趋势；岩性在横向上由北西向南东粒度变粗，纵向上由下到上由粗变细。该小构造层中部发育含铁建造。

上小构造层包括中、上石炭统和二叠系。主要由开阔台地相的单陆屑碳酸盐和台地—陆棚相的远单陆屑硅质沥青质碳酸盐建造和海陆交互相的滨海—沼泽相的含煤碎屑岩建造和浅海相的远单陆屑硅质碳酸盐建造组成。其厚度全区较稳定，为560米

◀ 中奥陶纪头足类化石群
▼ 腕足类化石

▲ 绳状玄武岩

左右。该小构造层中下部灰岩厚度大，质纯、品位高，是重要的建材工业原料；上部含多层煤，可资开采。

从地质演化历史看，晚古生代在志留纪经海退的基础上，加里东运动使本区地壳隆起，形成泥盆地纪古陆，石炭纪—二叠纪海水进退十分频繁，但海域基本继承了下扬子海的格局。本区自晚泥盆世至石炭纪仍处于震旦纪就开始出现的沿江隆起部位，但二叠纪开始沿江隆起不明显，相反出现对两侧凹陷的海盆地。

本区及其邻区缺失中、下泥盆统，表现为全区隆起，晚泥盆世形成滨岸湖沼盆地，形成了一套滨海—滨岸湖沼相碎屑岩系。当时陆地气候温湿，植物有了较大发展，鱼类出现了新属种。形成Leptophoeam rhombolcum植物群和淡水动物组合。本区北西侧的和县一带发现海相瓣鳃类、腕足类、腹足类等化石，南东侧宜兴一带为河湖沼泽环境，形成煤层和粘土层，厚度也略大于本区。相对两侧本区处于隆起部位，沉积厚度为127～146米。晚泥盆世末期，气候稍转干燥。

从早石炭世开始接受海侵，至晚石炭世达到海侵的顶峰，泥盆纪的大陆环境又变为汪洋大海。早石炭世金陵期，形成下部的铁质砂泥岩和上部的生物碎屑微晶灰岩，前者属海侵初期滞留碎屑岩相，后者属于广海浅滩相，富产海相生物群化石。沉积厚度各地不一，最大达9米。高骊山期海水进退频繁，出现海陆交互相沉积，以杂色碎屑岩为主，厚35～53米。自西向东沉积厚度略有变薄，粒度变粗，石英含量增加。和州期海水略有加深，出现潮下环境，形成一套碳酸岩和碎屑岩沉积，含有丰富的海相生物，晚期碳酸盐中镁质成分增加。从区域上看，和州期沉积范围较高骊山期小，东南侧的茅山地区缺失沉积，北西侧则以海陆交互相为主，而本区以浅海相为主，厚1.43～18.1米。自西北向东南厚度变小，泥、砂质成分增高，显示出和州期在东南侧为海岸式海岛边缘。老虎洞期海水退缩并咸化，沉积范围缩小，以富含珊瑚生物的含燧石白云岩为主，反映咸化度较高的潮间—潮上泻湖相沉积环境，厚6.7～16.27米，东南侧全部缺失，本区也显示东薄西厚。这种自西向东变薄的趋势，在整个早石炭世时期都是明显的。可见早石炭世海水进退频繁，总体显示海水退缩。

中石炭世，在早石炭世老虎洞期咸化萎缩盆地进一步退缩隆起的基础上，开始接受海侵，由于海水通畅条件较差，盐度较高，开始由含陆屑的滞留砂、泥岩沉积发展为潮间—潮上泻湖相白云岩夹泥灰岩沉积，厚度5.5～15.6米。总体出现东厚西薄，与早石炭世呈反增减现象。中石炭世黄龙期和晚石炭世船山期出现广泛的海侵，形成开阔台地碳酸盐沉积环境，在浅海盆地内沉积一套细晶—微晶结构，含鲕粒、内碎屑和球状构造（葛万藻化石）的纯灰岩。富含广海相的生物化石，其中以较原始有孔虫类生物最为繁盛，反映海水盐度正常，气候温暖。区内各地厚度变化不大，一般为120余米，表明当时海底地形较为平坦。

早二叠世栖霞初期，海水退缩，本区演变为海陆交替环境，沉积了钙质页岩夹页岩，泥灰岩透镜体及煤线，厚仅0.4米。接着发生海侵，形成浅海—深海环境，沉积了灰岩、硅质岩。沉积时硅质含量高，成岩时形成燧石结核或条带，表明为深水盆地低能环境的产物。当时气候也较温暖。区内栖霞组沉积厚度172.5～193米，变化不大。从区域上看，本区厚度较两侧邻区为大，说明震旦纪以来的沿江相对隆起开始消失，并演化为坳陷。孤峰期基本继承了栖霞晚期的海洋环境，接受胶体沉积，形成了大量的硅质岩，伴有砂、泥、炭、钙质及铁质成分，并普遍含磷结核和黄铁矿结核。孤峰组中含有少量的凝灰质火山碎屑岩，反映当时邻区曾有火山活动。龙桥期海水退缩，处于滨海潮汐带环境，形成海陆交互相碎屑岩系，厚20.80～89米。含植物及海相瓣鳃和腕足动物，由于气候比较温湿，局部形成煤线或薄煤层。区内自北向东南厚度增大,南东侧厚度更大,反映本区北西部相对隆起的特征。

晚二叠世继承早二叠世晚期的古地理面貌,经历了海退—海侵的演变过程。龙潭期继早二叠世末期开始的海退,海水不断退缩,并出现滨岸漫滩沼泽环境,自下而上沉积一套由粗变细的碎屑岩,含薄煤层,陆相和海相生物群共存,沉积厚度为60.30～101米。大隆期发生海侵,出现浅海相沉积环境,局部海水咸化,沉积一套以页岩、硅质岩为主的碎屑岩,并富含华夏菊石生物群,区内厚3.20～11米,显示由西往东变厚。南京湖山的大隆组中发现0.08～0.20米流纹质晶屑、玻屑层凝灰岩,该火山碎屑岩以夹层产出,层位稳定,与上、下含有海相动物化石的相邻层呈连续过度关系,表明海相火山活动的特点。二叠纪的火山活动从早二叠世孤峰期就有显示,大隆期或长兴期的火山岩在我国南方不少地区都有发现,说明海西旋回晚期火山活动在我国南方有着广泛的影响。

燕山晚期第三次岩浆侵入活动期间,石英闪长斑岩、次生石英安山岩以岩墙及不规划脉状侵入于寒武—奥陶系地层内。在汤山黄栗墅北东东向F1断裂破碎中赋存数条长几十至几百米长的金矿体。

在距今8000万～6500万年的晚白垩纪,方山地区为干旱风沙环境,沉积形

◀ 方山火山岩
▲ 汤山溶洞

成赤山组砂岩。在距今5300万～2300万年间出现河流、森林环境，有安琪马、南京稀古仓鼠等动物，沉积形成洞玄观组砂砾岩层。

距今1089万～1032万年的新近纪，方山地区发生火山喷发，由玄武岩喷溢堆积成盾火山。

大约在距今10万年前的第四纪全新统时期，汤山山体上的泥石流涌入汤山葫芦洞内，洞口堆积厚约20米，主要由土褐色砂质粘土，粉砂或砂砾杂乱堆积在一起，砾石都为灰岩石块，泥石流之上有不规则的钙板和石笋，其后因露天采石放炮与该洞打通，经考古清理，在葫芦洞内先后发现一女一男两具猿人头骨化石。

知识链接

地质年代单位

确定地球的发展历史和发展阶段，查明各种地质事件时间，是地质学研究的任务之一。为了便于全球对比，必须有统一的时间系统，包括统一的方法和标准。地质学表示地质年代的方法有相对地质年代和同位素地质年代。相对地质年代主要是根据生物界的发展和演化（以化石为依据）把整个地质历史划分为一些不同的历史阶段，借以展示时间的新老关系。它只表示顺序，不表示各个时代单位的长短。同位素地质年代则主要是利用岩石中的某些放射性元素的衰变规律，以年为单位来测算岩石形成的年代。现根据大量已知相对地质年代的绝对年代，明确了各相对地质年代的具体时间长短，使地质时间的概念更为完善。

地质年代可分为：太古代、元古代、古生代、中生代和新生代5个时期。

地质年代的单位为：宙、代、纪、世、期、时。

与地质年代各单位相对应的地层单位为：宇、界、系、统、阶、带。

地质研究历史

宁镇山脉地层发育齐全，岩浆岩类型多，地质构造形迹颇为典型，是地质考察与教学实习的良好场所。宁镇山脉被称为地质工作者的摇篮，地质界前辈为研究宁镇山脉地质作出杰出贡献。

早在1917年，叶良辅、丁文江先后分别调查宁镇山脉等地区地质构造。丁文江于1919年编著出版《扬子江下游之地质》一书，是中国人最早系统全面研究苏南地区地质构造、岩浆活动等的论著。

1920-1922年，刘季辰、赵汝钧对江苏全省地质矿产情况进行调查，于1924年编著出版《江苏地质志》，对全省地层、岩浆活动等均有详细论述，对三叠系及其以后的地层划分有建树，首次建立了侏罗系至白垩系的地层层序。许多地层名称仍沿用至今。

1920-1934年，时任中央地质调查所所长李四光组织，指导李捷、李毓尧、朱森等人分别对宁镇山脉东西段，茅山山脉的地层、构造进行地质调查（火成岩由叶良辅、喻德渊负责），调查成果《宁镇山脉地质》一书于1935年出版。建立了宁镇山脉

▼ 丁文江像
▼ 李毓尧像
▼ 翁文灏像
▶ 李四光像

古生界至新生界的地层层序，共建24个地层单位。大多数地层的时代和名称沿用之今。

1928年，谢家荣、张更对汤山地区的地层、温泉等进行调查，发表了《南京汤山及其附近地质》，绘制了汤山温泉分布图。同年谢家荣的《南京钟山地质与首都井水供给》发表。

1930年，李四光、朱森先后到栖霞山、龙潭进行地质调查，绘制了五千分之一栖霞山地质图，发表了《栖霞灰岩及其关系地层》，1932年发表《龙潭地质指南》。许杰、俞建章、翁文灏、孙云铸、杨钟健、穆恩之等诸多老一辈地质工作者对宁镇山脉地质进行专题调查研究，取得很多重要成果。

南京大学地质系、南京地质矿产研究所（原华东地质矿产研究所）、中科院南京地质古生物研究所、江苏省区测队（现江苏省地质调查院）、南京师范大学地理系等单位，对本地区的地层古生物、岩石、构造诸多方面进行了大量的专题研究，发表了许多论文和专著。

1948年，方山地区首次有地质专家程裕淇与沈永和来到该地区进行地质调查，发现区内有赤山组、洞玄观组和方山组地层。而洞玄观组与方山组都是由程裕淇命名于方山，列为层型剖面，具有区域对比意义。

1956年5月6日，南京师范大学（当时称师范学院）地理系李立文老师带领一年级20名学生到方山进行地质教学实习，到南麓冲沟内观察洞玄观砾石层时，汤德桦同学在沟内砾石层找

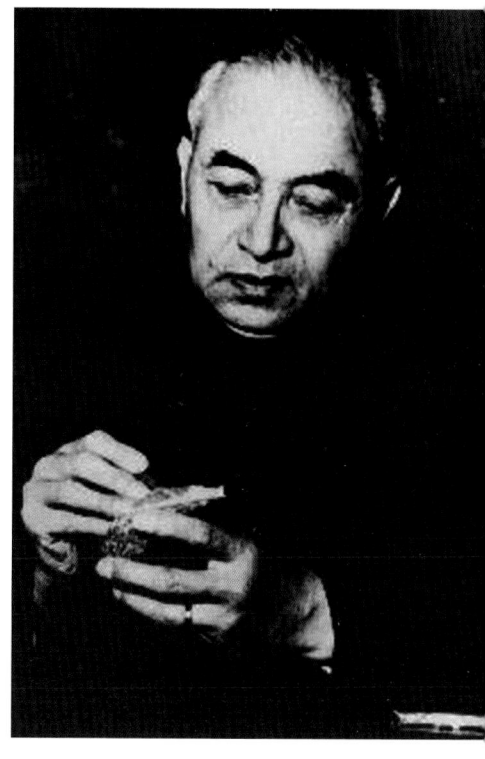

到一块哺乳动物的牙床上有牙齿三个的化石，长约11厘米，宽约7厘米，李立文老师当即认为可能是很重要的化石。其后经中国科学院古脊椎动物研究所杨钟健教授、周明镇所长等考察鉴定为1200万年前的"中新马"（安琪马，*Ahxutepuv*）化石，周明镇教授撰文《南京方山中新世时期哺乳动物化石》，发表于《古生物学报》（1966年11月）。

1974年，江苏省区测队到方山重测洞玄观组剖面。

南京地质学校昂朝海、朱家珍和蒋斯善分别以"南京的温泉和方山是一座火山"为题进行了详细的地质调查，

他们的研究成果收入殷维翰主编，1959年由地质出版社出版的《南京山水地质》一书中。

▲1933年夏，地质科学家风云际会
▼安琪马化石

中国地质学的奠基人中多位在宁镇山脉作过研究，上列照片中前排左起：章鸿钊、丁文江、葛利普、翁文灏、德日进；中排左起：杨钟健、周赞衡、谢家荣、徐光煦、孙云铸、谭锡畴、王绍文、尹赞勋、袁复礼；后排左起：何作霖、王恒升、王竹泉、王曰伦、朱焕文、计荣森、孙健初。

安琪马

距今约5300万年到2300万年间，安琪马是生活在森林中的动物，分布在北美、欧亚大陆，中国新疆、湖北等地均有发现。安琪马牙齿呈低冠、具勺形下门齿，腿细长、前后脚有三个趾头，体重在200~500千克之间。

安琪马在南京乃至华东地区是首次发现，对确定方山火山岩喷发时代提供了重要依据。当年被评为全国十大新发现成果之一。

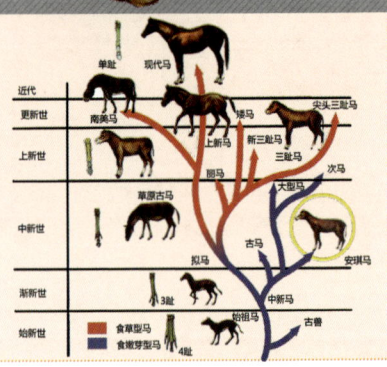

人文历史

江宁历史沿革
文化方山
名人温泉诗

江宁历史沿革

江宁历史悠久,人文荟萃。秦始皇三十七年(公元前210年)建县,晋太康二年(281年),晋武帝南巡,慨叹"外江无事,宁静于此",至此正式定名为江宁。古金陵四十八景中有八景在江宁,东晋谢安"东山再起"等典故广为流传,湖熟文化、阳山碑材、古猿人头骨化石、南唐二陵等名胜古迹闻名中外,这些都赋予了江宁深厚的历史文化底蕴。

历史上江宁仅县以上建制的名称有40个之多。"江宁"不仅为县名,还曾为郡或府之名。晋太康二年(281年)始用江宁名称,至今已有1700多年的历史。江宁地域建置更迭频繁,沿革复杂多变,或数县并存,或侯国与郡县同列,或一县统管,或二县同城分治。据《史记·吴太伯世家》记载,周朝以前,今江宁地域属荆蛮之地。春秋时代,江宁属吴国。战国初期为越国管辖。

周显王三十六年(公元前333年),属金陵邑管辖。

秦始皇三十七年(公元前210年),废金陵邑设秣陵县,又另设丹阳、江乘县,同属会稽郡。

汉武帝元朔元年(公元前128年),江宁地域为江都国,分置秣陵、胡孰、丹阳三侯国。武帝元狩二年(公元前121年),废江都国,复秣陵、江乘、胡孰、丹阳等县,均属鄣郡。元封二年(公元前109年),改鄣郡为丹阳郡。新莽,天凤元年(14年),更丹阳郡为宣亭县,秣陵县为宣亭县,江乘县为相武县。刘玄更始元年(23年),郡县恢复旧称。汉末建安十七年(212年),孙权于楚金陵邑

▲ 江宁出土的三羊尊
▶ 今日江宁
▶ 瓷制猪栏(西晋)

故址建石头城，改秣陵县为建业县，治所由秣陵关迁石头城；同时废胡孰、江乘二县，设典农都尉治理。

晋太康元年（280年），改建业县为秣陵县，恢复胡孰、江乘二县，又析秣陵西南置临江县。次年，改临江县为江宁县，历史上第一次出现江宁县名，县治在今江宁街道。太康三年（282年），分淮水北为建邺，南为秣陵，复置胡孰、江乘二县。建兴元年（313年），改建邺县为建康县。

东晋建武元年（317年），晋元帝定都建康，这时除了原有江宁、秣陵、丹阳、湖熟等县，仍属丹阳郡外，又先后设临沂、阳都、怀德、肥乡、博陆、堂邑等侨县，安置北方南渡的士族和平民。

南朝，宋、齐、梁、陈相继定都建康。江宁、秣

陵、建康、丹阳、湖熟等县属于丹阳郡。梁代，天监元年（502年），分秣陵县置同夏县。陈代，太建十年（578年），分丹阳郡置建兴郡。江宁、秣陵、建康县属丹阳郡。湖熟、江乘、同夏等县属建兴郡。

隋开皇九年（589年），建康、秣陵、同夏三县并入江宁县，属蒋州。至隋大业三年（607年），废蒋州，复置丹阳郡，江宁县属丹阳郡。

唐武德三年（620年），江宁县更名归化县，与丹阳、安业等县属扬州郡。武德八年（625年），并安业入归化，改归化为金陵。武德九年（626年），金陵县更名白下县，属润州。丹阳县属宣州。贞观九年（635年），白下县又更名为江宁县。天宝元年（742年），江宁县属丹阳郡。至德二年（757年），以江宁县置江宁郡，江宁县废。乾元元年（758年），改江宁郡为升州，复江宁县属升州。上元二年（761年），江宁县更名上元县，以唐肃宗"上元"到年号为县名，属润州。光启三年（887年），上元县又属升州。

五代十国时期，杨吴天祐十二年（915年），建升州大都督府，治上元县。天祐十四年（917年），分上元县南十九乡、当涂县北二乡复置江宁县。从此江宁、上元县同城而治。武义二年（920年），改升州大都督府为金陵府，辖江宁、上元县。南唐升元元年（937年），建都金陵。改金陵府为江

宁府。江宁、上元县属江宁府。

宋开宝八年（975年），改江宁府为升州府，辖江宁、上元二县。天禧二年（1018年），复江宁府，辖江宁、上元二县。建炎三年（1129年），改江宁府为建康府，辖江宁、上元二县。

元至元十四年（1277年），升建康府为建康路，辖江宁、上元等县。天历二年（1329年），改建康路为集庆路，辖江宁、上元等县。至正十六年（1356年），朱元璋改集庆路为应天府，辖江宁、上元等县。

明洪武元年（1368年），明太祖建都应天府，以为南京。江宁、上元县属应天府。洪武十一年（1378年），南京更名京师。江宁、上元仍属京师所治应天府。

清顺治二年（1645年），改南京为江南省、应天府为江宁府，辖江宁、上元等县。咸丰三年（1853年），太平天国定都江宁，改名"天京"。同治三年（1864年），复称江宁府，辖江宁、上元等县。

中华民国元年（1912年）1月1日，中华民国临时政府定都江宁府，改江宁府为南京府，废江宁、上元二县。次年废南京府设江宁县。民国二十二年（1933年）2月10日，江宁自治实验县成立，直属江苏省政府。民国二十三年（1934年）县治由南京迁至东山镇，与南京市分开，属江苏省管辖。民国二十七年（1938年），江宁地区先后建立江宁、横山、上元县抗日民主政权。其间，汪伪在东山镇建立伪"县政府"。

1949年4月24日，江宁县解放。4月28日，江宁县人民政府成立。中华人民共和国成立后，江宁县属镇江专区，1958年7月改属南京市，1962年5月复归镇江专区，1971年3月重新划归南京市。2000年12月，经国务院批准，撤县设立南京市江宁区。

◀ 宋武帝刘裕初宁陵神道石刻——麒麟
▲ 母子猴玉饰件（清代）

文化方山

方山具有悠久的历史文化。从两千年前秦朝，到南朝乃至明清时期，高僧、名士、诗人注目方山，留下足迹。民间传承了具有地方特色工艺与演艺。方山凝聚了半部金陵文化史。

▼ 谢灵运像
▶ 方山定林寺

历史典故

秦始皇与方山

两千年前的秦始皇，东巡至方山。《元和志》载："秦凿金陵，以断其势，方山是所凿之地也。"将东源句容河和南源溧水河在方山脚下汇成一片泽国之水，秦始皇下令在龙藏浦开凿长垄将秦淮河水引入长江，泄湿涝，营造大片良田，故南京十里秦淮的源头就在方山脚下。这里的秦淮河谷也被称作龙藏浦。

葛仙公方山炼丹

葛玄（164-244年），句容人，道教尊为葛仙公，为道教丹鼎派创始人之一。吴大帝孙权特召见葛玄，并为他在方山立洞玄观，供其修道炼丹。

东晋道教理论家、炼丹术家、医药学家葛洪也曾来方山，用葛玄亲建的洗药池等物继续炼丹修道。

谢灵运方山留别

谢灵运（385-433年），南朝宋诗人，博览群书，善诗文。其诗大多描写山水名胜，被称为开我国文学史上山水诗派鼻祖。

永初三年（422年），时年38岁的谢灵运离京师建康（今南京），任永嘉（今温州）太守。赴任时，邻里一直把他送到方山（晋、南朝时的重镇和水陆枢纽，也是亲朋送别之地），谢灵运写了下面这首

诗留别。

邻里相送至方山

祇役出皇邑,相期憩瓯越。
解缆及流潮,怀旧不能发。
析析就衰林,皎皎明秋月。
含情易为盈,遇物难可歇。
积疴谢生虑,寡欲罕所阙。
资此永幽栖,岂伊年岁别。
各勉日新志,音尘慰寂蔑。

善鉴在方山建寺造塔

善鉴,南宋高僧。他于乾道九年(1173年)云游至方山,见山形奇方如"天印",便驻留此山,结庐行道。善鉴率徒移石修路、疏通山泉、广植松柏。寺庙建成后,善鉴至建康府请求允许移原钟山梁朝废寺上定林额于此。方山新造的寺庙遂取名上定林寺。善鉴建寺时,还造了一座专门用于供佛像的宝塔,称定林寺塔。

范成大船行秦淮河

范成大(1126-1193年),绍兴进士,官至礼部员外郎,与陆游、杨万里、尤袤并称为南宋"中兴四大诗人"。

宋淳熙八年(1181年),范成大出任建康(今南京)知府,曾有"秦河调拨军储米20万石赈济饥民"的故事。《秦淮》一诗当是这一时期的作品:"不将行李试问关,谁信江湖道路难。肠断秦淮三百曲,船头终日见方山。"

乾隆南巡吟方山

清乾隆皇帝南巡至金陵,游览江宁方山留下的一首七绝,诗的题目就叫《方山》。

方 山

方阜常栖隐者流,秦淮经下水悠悠。

贺循迎得因张闿，曾几分裨克复谋。

康熙在位时曾六次南巡江浙，乾隆也效仿而为之。其间曾六到金陵，遍访名胜古迹，留下"金陵四十八景"之说。其中有方山一景，名曰"天印樵歌"。

名人与方山诗话
王安石留诗定林

王安石（1021-1086年）。北宋杰出的政治家、思想家、文学家、改革家，唐宋八大家之一。熙宁九年罢相后，隐居、病死于江宁（今江苏南京市）钟山。涉及方山之诗有6首，其中一首为《定林》：

定 林

定林青木老参天，横贯东南一道泉。

六月杖藜寻石路，午阴多处弄潺湲。

许谷与《登方山绝顶》

许谷，字仲贻，明代，进士。曾任南京太常寺少卿。

登方山绝顶

天印山高四遥望，振衣同上兴飘萧。
深岩茂草秋仍茂，绝顶清池旱不消。
散睇青峦围锦甸，举头苍霭接丹霄。
洞中却爱栖真者，不信人间有市朝。

顾璘与《东野》诗

顾璘（1476-1545年），金陵人，与同里陈沂、王韦号称"金陵三杰"。官至南京刑部尚书。

东 野

天印山如天斫方，秦淮水萦练带长。
夜半船头看明月，垂虹斜挂几飞梁。

朱之蕃与《天印樵歌》

朱之蕃（？-1624年），明代书画家。明万历二十三年（1595）状元，官至吏部右侍郎。能诗文，工书画，曾出使朝鲜。金陵名胜，相沿有八景之称，朱之蕃扩为四十景，由陆寿柏绘图，而自拟小引与题咏。

天印樵歌

巨灵斧削青芙蓉，覆斗秣陵印作峰。
曲径逶迤凌陡壁，山樵攀扪历高塘。
丁丁木韵传幽谷，隐隐歌声杂口钟。
四望砥平空翠合，探奇何处见行踪。

史谨与《天印夕阳》、《天印樵歌》

史谨，字公谨，昆山人，有《独醉亭集》。

梁台六咏——天印夕阳

山形如印阁晴空，翠压秦淮秀所钟。
几度登临斜日里，白云红树影重重。

金陵八景——天印樵歌

夹路青山拥翠螺，每闻樵唱隔烟萝。
暗惊鹤梦穿云杪，细答松声出涧阿。
几度半酣扶仗听，有时一曲傍林过。
晚来驰担长松下，复和岩前扣角歌。

袁枚

袁枚（1716-1797年），清代诗人、诗论家。著作有《小仓山房文集》、《随园诗话》等。散文代表作《祭妹文》，古文论者将其与唐代韩愈的《祭十二郎文》并提。

天印庵小住

香案蓬山远，巾车冷庙留。
一灯僧馆闭，双耳草虫秋。
对佛言难发，撩人雨未休。
窗前红湿处，万点海棠幽。
捧檄知何处，飞花且听风。
人来双阙北，家在五湖东。
离恨秋天重，霜痕月夜空。
萧郎未三十，不敢怨途穷。

◀ 方山天池
▼ 《康熙江宁府志》中的天印山图
▼ 曲径通幽

名人温泉诗

汤山历史悠久,文化悠远流长,远古文化、六朝文化、明朝文化、民国文化在这里交相辉映。千年前,汤山温泉就曾于南朝萧梁时期封为御用温泉,自南朝以来,历代达官显宦,文人雅士来此游览沐浴,留下了很多脍炙人口的诗歌。

刘义恭题诗《汤泉铭》

刘义恭(413-465年),南朝宋武帝刘裕第五子,封江夏王。他是1500多年前为汤山温泉写诗第一人。相传,当年这位"善骑马、解音律、游行或三五百里"的王子来到汤山一带游览。他策马蹚过汤水河来到汤山脚下,见热气腾腾的温泉水从山中涌出,十分高兴,就有感而发,作《汤泉铭》诗一首,将汤山温泉与秦都咸阳温泉、汉京骊山温泉媲美。

汤泉铭
秦都壮温谷,
汉京丽汤泉。
炎德资远液,
暄波起斯源。

王安石《汤泉》

汤泉
寒泉诗所咏,
独此沸石蒸。
一气无冬夏,
诸阳自废兴。
人游不附火,
虫出亦疑冰。
更忆骊山下,
欹然雪满塍。

▼石龙池

诗见巴蜀书社《王荆公诗注补笺》。《补笺》引《景定建康志》卷十九："汤泉在城东六十里上元县神泉乡汤山。其处有圣汤延祥院,旧凡十所,今存者六……"

王安石还有《题汤泉壁示诸子有欲闲之意》一诗。

题汤泉壁示诸子有欲闲之意
吟哦一水上,披写众峰间。
偶运非彭泽,留名比岘山。
君才今卨稷,家行古原颜。
平世虽多士,安能易地闲?

周公钙《延祥寺石壁诗》

延祥寺石壁诗
雁门泉水热于汤,
清净源从古道场。
应笑骊山山下水,
至今犹带粉脂香。

此诗为北宋时刻于汤山延祥寺石壁。历史上的延祥寺题诗多多,《景定建康志》载:"寺中前后留题甚众,惟元祐间周公钙诗最为警拔"。

袁枚《浴汤山五绝句寄香亭兼谢荷塘明府》

袁枚(1716-1798年),清代著名诗人。字子才,号简斋,浙江钱塘(今杭州)人,乾隆四年进士。曾任江宁等地知县,后辞官筑随园于江宁小仓山(今南京五台山)。在诗歌写作上主张抒写性情,创牲灵说,对儒家"诗教"表示不满。其诗多以新颖灵巧见长,也能文。著有《小仓山房集》、《随园诗话》等。

其一
为寻圣水濯尘缨,
爱忍春寒远出城。
刚是杏花村落好,
牧童相约过清明。

其二
方池有水是谁烧?
暖气腾腾类涌潮。
五日熏蒸三日浴,
鬓霜一点不会消。

其三
延祥寺里证前因,
二十年前借住身。
今日僧亡菩萨在,
应知我是再来人。

其四
野外闲行乐有余,
阿连底事劝回车。
天生此水温存性,
只恐妻孥转不如。

其五
多谢张华地主性,
遣人洒雪遣人迎。
耳根洗得白如雪,
不听人间事不平。

袁枚还有《登汤山高处有感》一诗:

登汤山高处有感
登高忽有感,
慷慨作高歌。
日月闲时少,
乾坤空处多。
苍松愁独立,
流水爱奔波。
逝者如斯耳,
神山唤奈何。

张謇《题陶庐主人联句》

张謇（1853-1926年），字季直，江苏南通人，清光绪状元，实业家、教育家。

题陶庐主人联句
听松试筑三层阁，
藉草凭临一洗泉。

戴季陶《题温泉》

题温泉
天地钟灵气，
清泉沸似汤。
濯缨兹已足，
养拙更何乡？

韩国钧《题陶庐》

韩国钧（1857-1942年），字紫石，江苏泰县人。辛亥革命后，曾两任江苏省省长。1941年春，日酋和汪伪逼其再度出任江苏省主席，他严词拒绝，表现出可贵的民族气节。抗日战争期间，拥护国共合作，受陈毅之托，斡旋于国共两军之间，做了不少工作，深受陈毅的敬重。

题陶庐
山中幸有温泉浴，
世上应无凉血人。
洗尽俗尘三百斛，
还吾清静本来身。

此诗为作者任江苏省省长时到陶庐洗温泉浴所作，全诗以生动形象的语言，表达出对争名逐利的污浊社会现实的厌恶情绪和洁身自好的思想。

◀ 汤山山水名胜

黄郛《题陶庐汤泉》

黄郛（1880-1936年），浙江绍兴人。早年留学日本，1905年加入同盟会。1924年一度代理北洋政府内阁总理，摄行总统职权。1927年后任上海特别市市长、外交部长等职。

题陶庐汤泉
洗身容易洗心难，
富贵功名梦正酣。
南北汤山曾几涤，
陶庐啸傲且偷闲。

熊希龄《题陶庐》

熊希龄（1867-1937年），湖南凤凰人，字秉三，清光绪进士。1911年武昌起义后，拥护袁世凯，任财政总长和热河都统，1913年任国务总理兼财政总长。1932年任世界红字会中华总会会长。

题陶庐
但觉一身暖，
谁怜一下寒。
愿尔出山去，
温泽到人间。

王人文《题陶庐联句》

王人文（1863-1941年），云南大理人，清光绪进士。曾任陕西布政使、川滇边务大臣。1927年后任云南省内务厅长，1929年后任国民政府赈灾委员会委员。

题陶庐联句
重见六朝名胜，一洗万古心胸。

张默君《题汤山俱乐部》

题汤山俱乐部
十里幽泉洗垢氛，
乱峰无语郁春云。

▲ 水榭亭台诗意生

一双人醉梅花底，
香海苍茫百不闻。

包天笑《汤山温泉》

包天笑（1876-1973），现代小说家，笔名天笑。苏州人，一生著译甚多。青年时代入新闻出版业，在上海时报创副刊《余兴》，开大报副刊先例。1936年10月，与鲁迅、郭沫若等共同署名发表《文艺界同仁为团结御侮与言论自由宣言》。抗战胜利后，包天笑寓居台湾，98岁卒于香港。

汤山温泉
在山泉比出山清，
谁解此嘲告众卿。
莫讶探汤堪炙手，
自家冷暖要分明。

南汤山与北汤山，
每遇灵泉不肯还。
如此温馨汤一勺，
令人遐想到杨环。

游览汤山方山

南京猿人洞景区
阳山碑材景区
汤山温泉景区
方山景区

南京猿人洞景区

1993年3月13日，葫芦洞内出土了一具较完整的古人类头骨化石，引起了世界的瞩目。在此，又先后发现了十几种动物化石，据科学鉴定，这头骨化石是属于约出生于30万年前的南京猿人。南京地区人类史也因此向前推进了20多万年，同时也证实长江流域是中华民族的发祥地之一。

▼ 地表采石炸出的南京猿人洞洞口
▶ 南京猿人一号头骨

南京猿人洞

　　南京汤山镇西的雷公山中，有一个巨大的溶洞群，现已探明溶洞总面积达数万平方米，目前对游人开放的有雷公洞和葫芦洞。1993年3月13日葫芦洞内出土了一具较完整的古人类头骨化石，引起了世界的瞩目。在葫芦洞内发现的化石还有肿骨鹿、斑鹿等十余种，这些动物多生活在距今0.126百万年前的中更新世。

　　南京猿人洞景区可分为六大块，分别为入口处

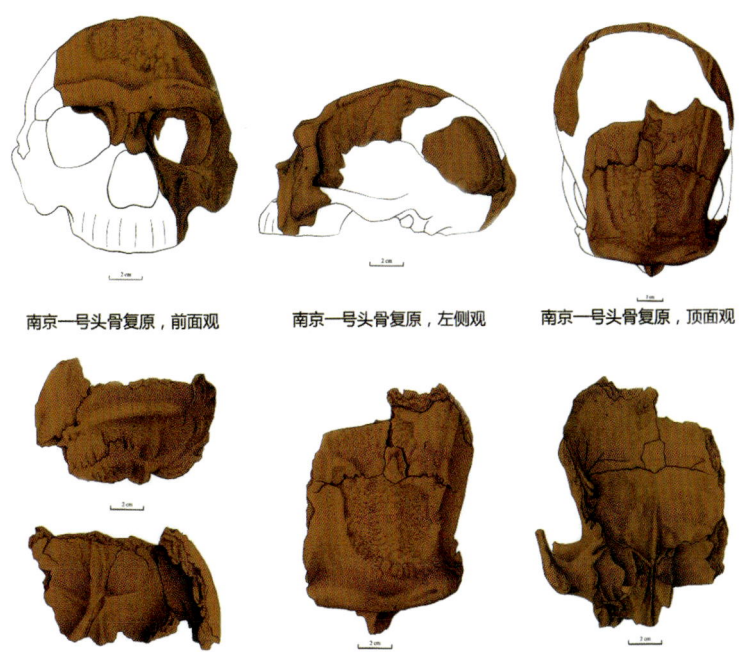

南京一号头骨复原，前面观　　南京一号头骨复原，左侧观　　南京一号头骨复原，顶面观

石壁雕泉景观、山脚下的古人类石刻园、古人类史料陈列馆、遗址洞口山崖猿人雕刻景观、天然溶洞景观、竹园休闲区。原本暴露于石崖上的漏斗形的豁口，成为一个天然的浮雕石壁。根据实地考察，石壁上形似人头形体的石块将略加雕凿，成为4~5处"南京猿人"头像，与美国总统山不同的是，猿人头像避免斧凿痕迹，与天然山石浑为一体。此外，在洞窟山顶上，伫立着两三尊巨型猿人狩猎青铜雕像，作为猿人洞的巨型标志。在整个景区内，随处可见茅屋、石器、巢居屋、穴居屋等石器时代建筑小品，充满历史感。

1990年3月22日在汤山北坡放炮采石时炸出一个小洞——次日采石工人下洞才发现洞很大且有大量动物化石。1993年3月13日清淤土时挖出一个头骨，经专家确认为猿人一号头骨。接着在大洞与小洞之间发现猿人二号头盖骨，1993年3月28日新华社报导了这一重大发现。

南京猿人一号头骨长16厘米，宽13厘米，脑量860毫升（男猿人在1000毫升左右，现代人为1400~1700毫升），颅骨表面纤细，光滑，故应为女性。根据她的上颌骨第二前臼齿的齿槽看，该牙齿根高仅为13.5毫米，齿根近中远中径5.2毫米，这与北京猿人女性的齿根相应值分别为13.6~16.2毫米和5.3~5.8毫米很接近。根据她牙齿（臼齿）骨片缝合状况、推测为21~30岁。

南京猿人二号头盖骨其颅骨粗壮，骨壁厚重，颅腔宽阔，表明他应为

男性。根据颅骨外矢状缝和冠状缝愈合程度推测他的年龄为24~41岁之间。若考虑到头骨小者愈合较早，推测他的年龄应在30~40岁之间。南京猿人二号头骨具有一些智人特征，可以归属于比较进步的猿人或处于猿人到智人的过渡阶段。

南京猿人的发现丰富了我国猿人的化石宝库，北京周口店先后发现了6个头盖骨，但5个已在抗日战争中遗失了，故南京猿人头骨化石更显弥足珍贵；改变了我国江南无猿人化石的历史，南京猿人是首次在长江以南发现，尤其她（他）与北京猿人恰好南、北遥相呼应，就更引人瞩目了。这对研究我国古人类和动物群的迁徙及当时古气候、古地理和古环境都极为重要；为人类发源地的探索提供了依据。人类起源地的两种论点至今争论很大，一是人类起源于非洲的"非洲论"，也有认为人类起源"多地论"，南京猿人的发现，为多地论提供了更多依据；把江苏地区古人类历史前移了50多万年；提升了南京地区文化品位：世界各地发现的猿人化石地点，大部分位于偏远的山区，而南京猿人位于南京的近郊。

葫芦洞及猿人小洞

葫芦洞：平面呈东西走向，长65米，宽25米，面积约2000多平方米，天然洞口在洞的北边，洞东端游人出入口处为人工开凿。由于冲积物堆积将长形洞穴拦腰收束，而成葫芦状，故称葫芦洞。猿人小洞在洞南面地下，东西长8.26米，南北宽4.4米。

进入溶洞可看到丰富多样的景观：钟乳石、石笋、石柱、鹅管、石幔、石葡萄、钙板。它们都是地下水中碳酸钙含量近于过饱和。当这些水往下

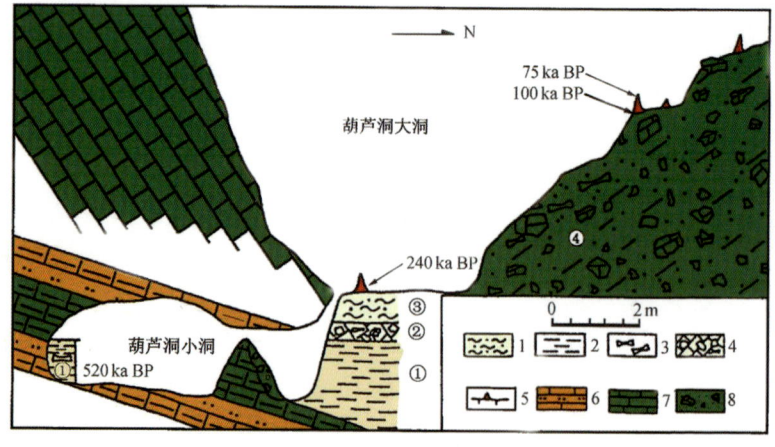

1. 角砾层；2. 黏土层；3. 含哺乳动物化石层；4. 石笋；5. 热释光测试样品采样号；6. 黏土结构采样号；7. 系统采样号

滴时，由于蒸发失去了水份，水中的碳酸钙就会沉淀下来。

在洞顶壁沉淀下来就成钟乳状石；

当水滴落在地面时，逐渐往上生长就形成石笋；

当钟乳石和石笋上下连接生长时，就形成石柱；

当富含碳酸钙的水沿洞（壁）裂缝往下滴

◀ 南京猿人及其遗址综合研究项目组考察
◀ 南京汤山葫芦洞洞穴堆积物剖面
▲ 葫芦洞景观图
▼ 葫芦洞及小洞平面形态及化学沉积物的分布

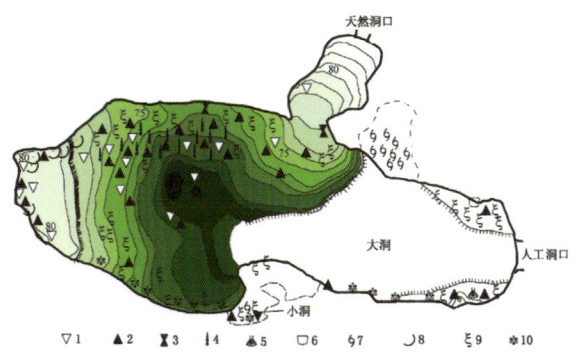

1. 钟乳石；2. 石笋；3. 石柱；4. 鹅管；5. 石幔；6. 石幕；7. 卷曲石；8. 流石坝；9. 钙板；10. 石葡萄

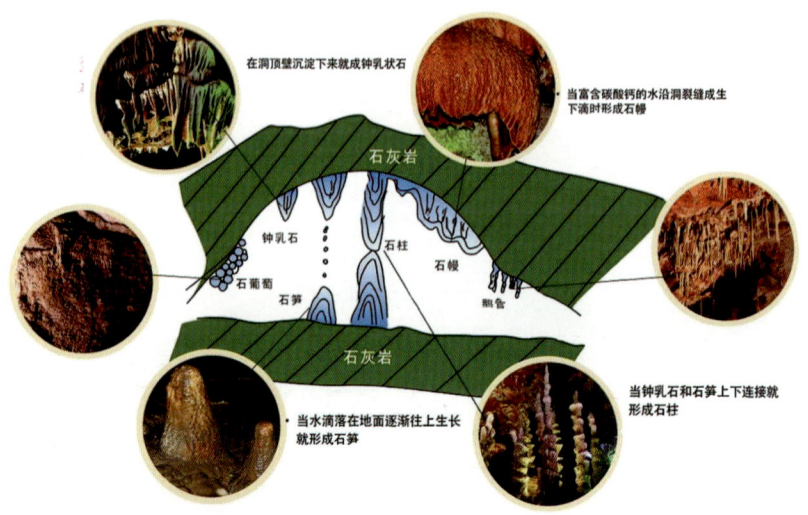

时，形成石幔。

在洞内水流如有堵塞而形成暂时性积水。积水中的碳酸钙，淀积下来就成了碳酸钙沉积层。后来地壳抬升，昔日的沉积层形成了洞中钙板。

▲ 钟乳石形成示意图
▲ 钙板形成示意图
▶ 水平层状钙板
▶ 巨大的石钟乳
▶ 南京汤山葫芦洞北边洞口泥石流堆积层示意图
▶ 石幔

大洞穴内北面自然洞口处有约20米厚的泥石流堆积层,它主要由土褐色砂质黏土,粉砂或砂砾杂乱堆积在一起,砾石多为灰岩石块,个别大的甚至有60~70厘米长,30~40厘米宽,泥石流之上有不规则的钙板层和石笋,经测定其年代距今约10万年,故10万年前正是这一巨大泥石流堆积物把洞口全堵塞了,使洞内与洞外全隔绝了。

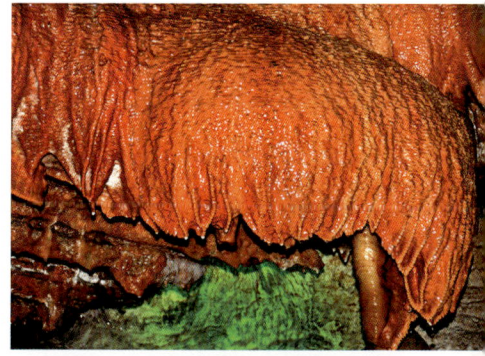

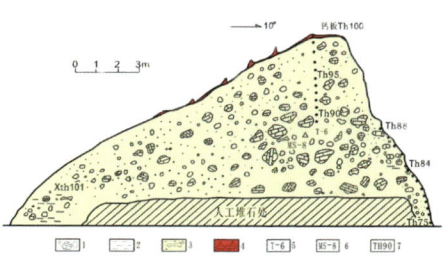

1.角砾层;2.黏土层;3.含哺乳动物化石层;4.石笋;5.热释光测试样品采样号;6.黏土结构采样号;7.系统采样号

阳山碑材景区

阳山碑材又名孝陵碑材,是明成祖朱棣为颂扬其父朱元璋功德而凿的。碑材分碑座、碑身和碑额三块,如果将它们拼合竖立起来,总高度可达78米,堪称绝世碑材。清代著名诗人袁枚在《洪武大石碑歌》中惊叹:"碑如长剑惊天倚,十万骆驼拉不起。"

阳山原称羊山,又名孔山,古称雁门山。位于南京市东部汤山镇西北7千米处,西与南京城中山门相距17千米。阳山山顶标高341米。三块巨型碑材明清时期称之为大石碑,民国时期朱偰先生称其为阳山孝陵大石碑。位于阳山西峰山脊东南侧的上下两处,地面标高分别为140米和120米。1957年列为江苏省文物保护单位。2005年4月,阳山碑材被上海大世界基尼斯总部授予"大世界基尼斯之最"。

阳山碑材园区是江苏江宁汤山方山国家地质公园主园区之一,也是国家4A级旅游风景区。阳山碑材是明孝陵大石碑工程遗址,也是有丰富地质遗迹相融合的地区。1996年第三十届世界地质大会在北

▼ 阳山碑材采矿区景观
▶ 明文化村大门
▶ 明文化村街景

京举行,会后来自美国、瑞典、南非等多个国家的专家考察后,异口同声地说:"阳山碑材是文化与地质相结合的世界奇迹"。

走进阳山碑材园区有三大主题:古风遗迹的明文化村;守望600多年的碑材;科普园地的石灰岩地层。

明文化村

走进阳山碑材园区最先映入眼帘的是一大片仿古建筑群,颇具明代文化气息的人文景点。建于2002年,房屋百余间,展示了一段传统的明代世俗画卷。如成记铁铺、张石匠屋、东厂督院、吉祥赌坊、金陵镖局、百姓书屋、御药房、南北杂货店、头饰店、工艺行、游艺坊、甜趣坊、翠花豆腐坊、蓬莱酒坊、古泉问茶楼、关圣殿、古戏台、射箭场等。按当时的场景布置,店小二的吆喝、张铁匠的打铁声、织布坊忙织布、鞋店忙制鞋等,游览到此如身历其境,回到明朝之体验。另外,古戏台、大明湖上有文艺、武术表演,"皇帝祭碑仪式"、"重塑碑材"、"审逃犯"、"赐御婚"等广场剧,借助广场、市井街道和园区自然环境进行表演,游客们可体验明文化一个片段。

阳山碑材牌坊

阳山碑材牌坊是江苏江宁汤山方山国家地质公园阳山碑材园区的第一个景点。位于宁汤公路通往园区道路的入口处。

阳山碑材牌坊是一座四柱三门冲天式石柱砖构牌坊。宽14米,高11米。园形石柱居中的两根比两侧边柱稍高。

石柱下方有矩形基座，石柱前后有抱鼓石（夹柱石）。

阳山问碑

阳山问碑是进入阳山碑材公园大门后见到的第一个景点，是一通用高强度水泥复合材料制作的仿石碑，2002年建造"明文化村"时立，通高7.8米，碑的正面"阳山问碑"四个大字为时任江苏省书法协会副会长，现在为会长的女书法家孙晓云书写（每个字高0.8米，宽0.7米）。阳山问碑问什么？碑的正背两面和有关史书上都无文字记载。三块巨型碑材在阳山已经卧躺了六百多年，首先要问的是阳山碑材的由来，二问三块碑材究竟有多大？三问碑材开凿起止时间，为何半途而废，没有完工运到明孝陵神道？要问的问题还有很多。如果游客走进阳山碑材园区内的汤山方山国家地质公园科普馆（临时），看了有关展板和阳山碑材景区内的户外解说牌，有关阳山碑材的诸多问题大多能从中找到答案。

"天下第一碑"照壁

走进"明文化村"，首先映入我们面前的是一座高大的照壁，全高4.65米，宽12米，正面"天下第一碑"五个大字为当代著名女书法家孙晓云书写，

字高1米，宽0.7米，2002年建造"明文化村"立照壁时书写。建造照壁的岩石为火成岩类中的闪长岩。

◀ 阳山问碑
◀ "天下第一碑"照壁
▼ 阳山古井

照壁背面工艺师们精工细刻了六百多年前开凿阳山碑材历史时期的画卷。自左至右分别为：明太祖朱元璋驾崩；皇太孙朱允炆继位；建文帝与齐秦、黄子澄密谋削藩；朱棣兴兵清君侧；明成祖朱棣下旨建孝陵巨碑；阳山开凿巨型碑材及设想凿成巨碑立于孝陵神道的场景。具有了解历史，观赏雕刻工艺的双重价值。

阳山古井

永乐三年十月巳未日（1403年10月18日），胡广等翰林三学士行至阳山山脚下，见前后有门的围栏内有供劳工居住的草屋数百间，入门百步有井一方，出门上百步许有井一口，后来这二口井被厚约3米的土石层掩埋。现今位于明文化村"古泉问茶"楼前的这口井是1992年秋开挖找到的六百年前的古井，井深6米，井底淤泥中清理出十多只陶罐，文物专家称其为韩瓶。井水经化验

▲ 古戏台
▶ 南朝古采石场遗址

属于低钠、中等硬度优质饮用水。

为了使阳山古井具有观赏性、美观性，其后在古井西侧又凿一口新井，称为"陪井"。

古戏台与大明湖

位于明文化村的东北部位有一片长85米，宽40米，面积约3000平方米，呈椭圆形的大水域，称为大明湖，湖内布有数十根木桩，供演员表演使用，湖的南侧有古戏台。在古戏台、大明湖上有文艺、武术表演。

袁机墓

在阳山碑材风景区明文化村通往碑座西南侧的上山道路旁。

袁机，生于康熙五十九年（1720年），字素文，别号青琳居士，浙江钱塘人，是清代文学家、江宁县令袁枚之妹。她与江苏如皋高绎祖指腹为婚，正式定婚时还不满周岁。婚前，高家因其子高绎祖品性不端愿意解除婚约，但袁机却因受封建礼教影响太深，竟固执地坚持"从一而终"不肯解约。婚后丈夫为非作歹不务正业，她受尽折磨甚至几乎被卖身以抵赌债，不得已才逃回娘家。1759年因病去世，年仅40岁。

值得大书一笔的是，袁机也是颇有才学的。她自幼喜好读书,有时随袁枚听老师讲课,学到很多文史知识,能诗善文。冯尔康先生在所著《清人生活漫步》中评价说:"袁机为世称'袁家三妹'之一,是18世纪文坛领袖之一袁枚(1712~1797年)的三妹,另外两妹是四妹袁杼、堂妹袁棠,三人都是才女。"袁机的堂弟袁树则称她是"不栉进士"。袁机生前常以诗歌委婉地抒发自己悲凉的身世,如她的《闻雁》云:"秋高霜气重,孤雁最先鸣。响遏碧云冷,灯含永夜清。自从怜只影,几度作离声。飞到湘帘下,寒夜尚未成。"袁机死后,袁枚为她编印了诗集《素文女子遗稿》。乾隆丁亥(1767年)冬,袁枚"葬三妹素文于上元之羊山",并写下凄楚动人的《祭妹文》。

《祭妹文》是袁枚散文的代表作,它以细腻的笔触抒发了作者对亡妹深切的悼念之情。全文追忆往昔、寓情于事、哀婉直切,具有强烈的感染力。古论评论家将其与韩愈《祭十二郎文》、欧阳修《泷冈阡表》同称为我国古代祭文中"鼎足而立"的名篇之一。由于《祭妹文》的影响,原来不知名的袁机广为人知,成为本非名人的名人。

南朝古采石场遗址

从明文化村通往碑座景点的上山小道水沟的西侧,有一片较狭长而平坦的山地,长181米,南段宽20米、北段宽65.8米,总面积约4892平方米。据文物专家考证,此处是自南朝以来开采石料,用作陵墓柱础、石刻等建筑石材的古采石场遗址。钟山红楼艺文苑内无字弃碑,从岩石性质判断,可能来自该处古采石场。

古采石场开采的岩石为距今约2.8亿年前浅海环境沉积形成的石灰岩,地质界称其为栖霞灰岩。如今岩壁上的钢钎痕经历一千五百多年的风化剥蚀作用几乎不见踪迹,高低不平的地面上大小不等、形态各异的条带状、透镜状、团块状深灰黑色燧石;树枝状、细脉状、团块状白色方解石十分明显地呈现在我们面前;如果仔细观察还能见到一簇簇大小不等的棕褐色珊瑚化石,它们都具有很好的观赏和研究价值。

阳山碑材

阳山碑材是永乐皇帝朱棣为其父皇朱元璋建功德碑而开凿的。

碑材开凿于明代永乐二年十月(1404年11月),至永乐三年八月(1405年9月)。征集劳工千余人,耗时300多天。

明建文四年六月十七日(1402年7月17日),朱棣推翻其父朱元璋"嫡长承传帝系"的苦心安排,从其侄子朱允炆手中夺取政权,登上皇帝宝座。朱棣为了笼络人心,稳定政权,树立自己是父皇朱元璋的孝子形象,决定在孝陵神道上立一巨碑,取名:"大明孝陵神功圣德碑",并亲自撰写碑文,名为父皇歌功颂德,实为自己立传,达到巩固政权的目的。朱棣下旨派专人到南京周边诸山寻找符合他要求的越大越好的巨大碑材,最后选定在阳山,这就是现今我们在阳山西峰山脊见到的三块巨大碑材的来历。

碑材工程终止时,朱棣命胡广等三学士考察阳山碑材。胡广的《游阳山记》中明确记载:"皇帝因建碑孝陵,断石于都城东北之阳山,其长十四丈有奇……色黝泽如漆……""仰见碑石穹然城立,山高数里,其体皆石。"

《游阳山记》中还描述沿途山水田园,说:"凡目之所见,车之所向,与夫一草一木之微,无不可乐。是皆至天之赐也。"

明永乐皇帝朱棣(1360-1424年),在历史上做过几件大事:命郑和下西洋、令解缙主持修《永乐大典》、迁都北京、开通运河解决南粮北运。朱棣要为其父皇朱元璋建"大明孝陵神功圣德碑",选在阳山开凿。在山体岩石上凿刻碑身、碑座、碑头。但未完工,留下了三块巨大的碑材,躺在阳山已有六百多年,成为奇迹,令世人赞叹。

◀ 碑头、碑身顶部侧视图
◀ 碑座
▼ 钟山红楼艺文苑景区内无字弃碑

岩壁上钢钎凿痕

碑身石材西北侧为一条1.2~3米宽的堑沟,它是在F1断层破碎带上开凿而成的,自上而下边清理运走破碎的角砾岩,然后在两边岩壁上凿刻成规整的平面,六百多年前在此处山体和碑身两壁岩面上,用钢钎凿刻留下的钎痕仍十分清晰,凿痕排列整齐,很有规律,每段钎痕斜长约18厘米,钢钎印痕倾角约70°,钎痕间水平间距约3

▲ 岩壁上的凿痕
▼ 坟头村
▶ 翰林三学士观察碑材登山处

厘米。其他岩壁上的凿痕大多被风化得模糊不清。从胡广《游阳山记》得知，开凿阳山碑材时，劳工约一千多人，分班作业，劳工用双手紧握钢钎和大锤，二人一组互相配合，一人扶钢钎转动，另一人两手握举大锤锤打，轮流作业。或是一个人独自操作，左手握钢钎，右手握二锤或小锤锤打。自开工至停工历时11个月，完成阳山碑材工程如此巨大的工作量，劳动强度、艰苦程度、高空作业的危险性是可想而知的，死亡事故时有发生也就不足为怪。当地流传至今的两则传说可为佐证：一则说，劳工们每天考核的定额为每人交验打下的石碴，石屑三斗三升，完不成者，一律处死；另一则说，明朝凿石制碑，劳工死者众多，埋在阳山西南面山脚下的小坟头不断出现新的，时间久了就有了"坟头"这个新地名，附近的村庄也就被称为"坟头村"。

碑材开凿劳工与坟头村

据《明会典·工部山陵》规定，当时开凿碑材有设计施工的官员与监工，设有监工台。劳工有1千多人，其中有囚徒。袁枚诗中也说当时劳工凿碑之难、之惨。阳山碑材山脚下不断出现一个一个新的坟头，就是当时劳工惨死后安息之地。其附近的村庄就被称为坟头村。据一位老人说，20世纪80年代初，建设钟山水泥厂开挖地基时，挖到许多骷髅，

说明此处就是六百多年前凿刻阳山碑材惨死劳工埋葬尸首的场所。

坟头村,据史料记载,六百多年前仅有十多户简易的草屋,如今在阳山脚下和宁杭公路南侧,已变为约有三百多户人家的砖瓦平房或楼房。

翰林三学士观察碑材登山处

永乐三年,胡广、金幼孜、解缙三翰林学士来到阳山碑材工地,在碑身石材旁观察,山体坡度太陡,不能攀登,因此,三人走到碑身石材的西侧山坡下攀登,一人先上去,第二人则上面用手拉,下面人用手推,就这样一级一级登至山坡顶(碑身西北侧山坡),在崖壁上见到霰石(文石)、葡萄状小钟乳石,山坡高低悬殊,不敢行走,只好像蚂蚁一样爬行,走到较平坦处才敢站立,当观察碑材时,心里感觉害怕,头晕目眩,不敢向下看,只有解缙敢走到碑身石材上,站立较久。然后三人登上山顶观看长江来往船只。

胡广游阳山记中原文:其旁巉岩不便登陟,从碑石之左攀跻而上,一人引手,一人下推,又跻一级,渐至山顶,如矶头者,宜窊者,窍而通者,下者,险不可履,作蚁缘而度,渐过碑石之右,稍平可行。余将俯视观,心掉股栗目眩,不能下视。独解公登石立久之。余坐息定,更逾山顶数十步,望见长江数百里隐隐而来,舟帆上下如豆……

石灰岩层

阳山开凿建碑的石头,叫石灰岩。石灰岩是海洋环境沉积形成的碳酸盐岩,以碳酸钙成分为主,常混有粘土、粉砂等杂质。岩石呈灰或灰白色,若混入碳质则呈灰黑或深黑色,性脆,硬度不大,小刀能刻动,滴稀盐酸会强烈起泡。

阳山古采石场的灰岩层地质年代为距今2.8亿年前的二叠系早期,称为栖霞灰岩。栖霞灰岩自下而上分四个岩性段:臭灰岩层、下硅质层、含燧石灰岩层、上硅质层。开凿碑材的岩石选在燧石灰岩层段中质较纯的灰黑色厚层石灰岩,其下部为含燧石灰岩。

石灰岩遇稀盐酸会强烈起泡。由于灰岩易溶蚀,所以在灰岩发育地区,常形成石林、溶洞、钟乳石等优美景观。它是烧制石灰、水泥的主要原料,冶炼钢铁的熔剂,制化肥、电石的原料,也广泛用于制糖、陶瓷、制碱、玻璃、印刷工业和刻制石碑工程中。

栖霞灰岩中的燧石

从明文化村沿着古采石场走到碑座石材处,一路看到裸露的栖霞灰岩中,镶嵌着众多的黑色岩石,呈大小不

等的团块状、透镜状、条带状、串珠状,这就是燧石。

燧石,俗称"打火石",又称燧石岩。是一种致密坚硬的硅质沉积岩,主要成分为微晶或隐晶石英组成的岩石。主要产于石灰岩地层中,它是在沉积成岩过程中含硅质的团块交代碳酸钙而形成的。燧石中常含有玉髓(微晶石英),因含有机质而呈灰到黑色。这片栖霞灰岩中的燧石结核大多呈不规则的团块状椭球体,直径大小不等,从几厘米到三四十厘米,还有呈扁豆状、串球状透镜体,都沿层面被压扁。还有呈短脉状顺层分布。

栖霞灰岩内的白色方解石脉

白色方解石细脉:在古采石场南段的黑色栖霞灰岩地面裂隙内,时常见到一些细小的白色矿物,呈细线状、树枝状、网格状分布,主要成分是碳酸钙,矿物名称叫方解石,充填在发生断裂的栖霞灰岩裂隙内,称为方解石脉,它的出现是有一定的方向与规律的,与本地区的断层性质相一致,具有较好的研究与观赏价值。

岩层的断裂破碎与白色方解石脉:位于碑座石材体西侧不平坦的地面上,是古采石场的一部分,为含有较多燧石团块的石灰岩地层,如果注意观察就能见到一条规模较大的北西—南东方向的张性大断裂,走向长约50米,宽10～15厘米,产状:215°,倾角小于70°,其南侧有4条次一级小断裂,长10～20米不等,宽约5～10厘米,这些断裂是在造山运动过程中地层受地质应力作用产生,这些大小断裂中都被白色

方解石充填形成宽窄不等的脉状,只见燧石团块被断裂切开,未见沿断裂走向方向移动,在大小断裂交会处见大小不等的石灰岩破碎角砾。

◀ 石灰岩层
◀ 栖霞灰岩中的燧石
▲ 栖霞灰岩中的燧石
▲ 灰岩内的白色方解石脉
▼ 菊花石

文石与钟乳石

碑身石材西南侧堑沟向西沿伸方向,在未经凿刻的山体岩壁断层面上,有一小片棕黄色、灰白色文石、钟乳石,成分都是碳酸钙,前者呈小柱状、针状、放射状等晶形。后者呈小葡萄状、鲕状、无晶形。胡广《游阳山记》中将它们称为矾头者、窅窊者。这是F1断层破碎带内出现溶蚀空间才有条件形成的。

菊花石

在碑头、碑身石材景点,由右侧坡脚下原先上山通往俯视碑材、登临山脊景观亭的山间小道上,见到三内菊花石,花瓣呈放射状、长柱状、叶片状,成分为霰石,或硅灰石,它不是化石,但可称其为假化石。因其花瓣似菊花而得名菊花石。

菊花石在我国有两大品种:一种是产于湖南的浏阳下二叠统石灰岩及灰质泥灰岩中的菊花石,成分是天青石或方解石;另一种是产于北京西郊和房山周口店石炭系炭质板岩的菊花石,成分为红柱石角岩。菊花石在南京地区尚属首次发现。

阳山碑材园区古生物化石遗迹

园区规划面积0.32平方千米。组成山体的岩石为距今约2.8亿年前浅海环境沉积形成的栖霞灰岩,已知古生物化石有蜒类、珊瑚类、苔藓虫类、腕足类、腹足类等。在碑头、碑身、观景步

> **知识链接**
>
> ### 褶皱与背斜、向斜
>
> 褶皱是指岩石中面状构造(如层理、劈理或片理等)形成的弯曲。当板块堆积在一起时,彼此互相挤压,使岩层发生一系列波浪状的弯曲变形,单个弯曲也称褶曲。褶皱的面向上弯曲,两侧相背倾斜,称为背斜;褶皱面向下弯曲,两侧相向倾斜,称为向斜。如组成褶皱的各岩层间的时代顺序清楚,则较老岩层位于核心的褶皱称为背斜;较新岩层位于核心的褶皱称为向斜。正常情况下,背斜呈背形,向斜呈向形,是褶皱的两种基本形式。

> ## 知识链接
>
> ### 岩层的产状
>
> 产状是指岩层在地壳中的空间方位。绝大多数沉积岩在形成时是水平或近乎水平的,但其后的地壳运动,可以改变其原始状态,使之变为倾斜、直立甚至倒转。因此,可将岩层按产出状态分为水平、倾斜和直立三类。
>
> 岩层产状三要素是表示岩层空间方位和倾斜程度的几何要素,包括岩层的走向、倾向和倾角。岩层的走向:是岩层的层面与水平面的交线,称为走向线。走向线两端所指的方向即是岩层的走向。岩层的走向用方位角(由正北方向沿顺时针旋转与该方向所成的夹角)表示。很显然,岩层的走向有两个,它的方位角值相差180°,如NE(北东)30°和SW(南西)210°。岩层走向的地质意义在于它们代表了岩层的水平延伸方向。岩层的倾向:是指岩层向下倾斜的方向,在岩层面上垂直,走向线向下所引伸的直线叫倾斜线,它在水平面的投影线(倾斜线)所指岩层向下倾斜的方向,就是岩层的倾向。岩层的倾向也用方位角表示,但它只有一个,它与两个走向相垂直。岩层的倾角:岩层面与水平面之间的夹角(锐角),称为岩层的倾角。
>
> 碑座西侧陡峭的崖壁上看到厚薄不等的岩层,岩层产状,经用地质罗盘测量,走向160°～340°,倾向250°,倾角15°。一般只需测量岩层的倾向和倾角,因倾向方位角加或减90°就是岩层的走向方位角。

道等处见到珊瑚、腕足类、腹足类、头足类等化石。如果仔细寻找,䗴类化石、苔藓虫化石也能找到。

◀ 一线天
▼ 飞来石

飞来石

阳山碑材景区飞来石,位于碑座石材西侧的对面上脊上,是项长兴于2004年对碑材进行调研工作中发现的,共有3块,其中最大的一块长2.5米,宽0.8米,宽1.2米,重达5吨多。为距今约3.5亿年前陆相环境沉积形成的中上泥盆系五通群石英砂岩。其下部及其周围的岩石,都为距今约2.8亿年前浅海环境沉积形成的下二叠统栖霞组石灰岩。这3块砂岩是在本地区造山运动过程中,从远方高处飞滚下来的,造成地质年龄大的砂岩平躺在比其年轻的石灰岩上,故称其为飞来石是很恰当的,可以作为景点供游人观赏。如今在新开辟的山路上也能见到。

孔山上泥盆系五通群砂岩,因发生推覆式造山运动(逆掩断层),使地层发生倒转,其山峰可以称为"飞来峰"。

汤山温泉景区

汤山江南古镇、中国历史文化名城（镇）、著名的温泉之乡。汤山得名于温泉和青山。"汤"即指温泉，"山"即指青山。"泉"，即温泉，被列为中国四大疗养温泉之首，在南朝时被皇帝封为"圣汤"。汤山山清水秀，风景优美，泉眼群集，终年泉水汩汩，热气腾腾。汤山因泉而得名，因泉而著名。

▲ 汤山温泉景区景点分布
▶ 汤山温泉
▶ 汤山西区地热井分布图
▶ 汤山东区地热井分布图

汤山温泉

汤山7眼温泉分布在汤山山体东部的山脚下，沿汤水河西岸地面绕山分布，泉眼出露地面标高为43.43～39.40米。

温度：50℃～59℃。

品质：汤山温泉水中含有钾、钠、钙、镁、铜、锌、锰、镍、钴、镉、锂、硒、锶、氯、钒、氟、氮、砷、汞、溴、氡、钡、铀等30多种对人体有益的矿物质、微量元素和放射性元素。同时还含有酸性气体、碱性气体、氧、氢、甲烷、乙烷等多种气体。温泉水质为SO_4-Ca型，PH6.7～7.4，

TANGSHANFANGSHAN 汤山方山

矿化度1.59～1.85克/升，水中氟含量3.2～5.0克/升，偏硅酸含量50～62毫克/升，达到医疗矿水命名的浓度标准，属弱碱性硫酸钙型氟、偏硅酸医疗热矿水。锶含量5.23～7.58毫克/升，接近命名浓度。

南京汤山温泉的日出水量达数千立方米，水温一直保持在55℃～60℃之间，水质清净，含有钙、镁、硫等30余种矿物质，还有微量氡氟等放射性元素。因此，温泉的全称应为"含氡的硫酸盐中温钙镁泉"，具有健身、益体、治病的效能，被中国医药卫生界权威人士推崇列为"全国四大疗养温泉"之一。温泉之所以能名贯古今，主要具有特殊的医疗保健作用，早在汉代，科学家张衡所撰《温泉碑》中就指出："有疾厉兮，温泉泊焉。"温泉除了能治病以外，还可通过热温、静压和浮力这三项物理作用来增强体质。经常洗温泉

浴，不但皮肤光洁，且能益寿延年。古往今来，汤山温泉备受达官显贵的青睐，清代乾隆进士、做过江宁县令的袁枚曾多次来汤山游览沐浴，民国时期，于右任在汤山宁杭公路的黄墅村建造了一座温泉别墅，有屋10余间，内设温泉浴室。南京汤山温泉的泉眼口岩壁上有温泉水带到地面的沉淀结晶，人们可以看到许多结晶较好的天然矿物。其中有白、浅黄、灰白等色的菱形体方解石，还有浅黄、浅绿、淡紫的立方体或八面体萤石。这两种矿物都是温泉水带到地面的沉淀结晶矿物，称为泉华。美丽多姿的泉华，是大自然生命的凝结，能勾起人们奇幻的神思。

蒋介石温泉别墅

该别墅坐落温泉路3号。原先是国民党元老张静江于1920年建造的花园式温泉别墅，原名"张公馆"。主楼坐北朝南，分上下二层，一楼下半层嵌于地下，仅上半层露出地面，泉水经管道直接流到别墅的浴池。

1927年12月1日，蒋介石与宋美龄结婚，张静江将这处温泉别墅作为贺礼赠送给蒋介石夫妇，12月9日到此入住。其后就经常来此居住，办公，接待宾客等。

◀ 汤山温泉
◀ 蒋介石温泉别墅
▲ 蒋介石在汤山

2002年公布为省级文物保护单位。

陶庐温泉别墅

陶庐位于温泉路1号院内。江宁士绅陶保晋（1875-1947年），民国八年（1919年）率先在汤山建造温泉别墅，一座两层楼13间房屋中有浴池6个，两栋平房，一栋有房5间，男浴池3个，另一栋有房1间女浴池2个。

陶庐初期只供家人和亲朋好友使用，后期名气大了曾公开对外营业。

1945年日本投降后，陶庐主人陶保晋被国民党政府逮捕，以汉奸罪处以有期徒刑二年，没收私有财产，陶庐在没收之列，由陆军大学汤山军人俱乐部接管。直到1984年部队改造营房时将陶庐拆除。

知识链接

泉与温泉

地下水从岩石或土壤中自行流出地面来，称为泉。按泉水流出的方式可分为上升泉：由于水的静压力或所含气体的推动而涌出地面；下降泉：借重力作用自高处向低处流出。我国一般将年平均气温20℃为标准，若泉水温度小于20℃称为冷泉；20℃～37℃为温泉；37℃～42℃为热泉；42℃～99℃为高温泉；大于100℃为沸泉。云南省红河边上的一眼温泉喷出时水温达103℃，是我国温度最高的泉水。汤山温泉水温50℃～59℃，称为高温泉。

温泉含矿物质多的叫矿泉，根据主要矿物成分不同，分为硷泉、盐泉、铁质泉、苦泉、硫黄泉等。

按照泉水出现的地质环境，又可分为接触泉、断层泉、裂隙泉等。

我国的温泉地热资源十分丰富，已探明有2600多处。江苏有10余处，汤山温泉地热资源，其水温、水质、水量列为我国十大知名温泉之一。

▲ 休闲旅游胜地
▶ 江苏省工人汤山疗养院
▶ 汤山一号

圣汤延祥寺

韩滉（723-787年），唐京兆长安（今陕西西安）人。唐德宗时，任浙西观察使，是一位政治家、画家。他的小女有恶疾，到汤山洗温泉浴治愈小女顽固的皮肤病后，韩滉不惜拿出女儿的嫁妆钱，在温泉畔建造了一座寺院，以谢"圣汤"。寺院名就叫圣汤禅寺。宋代王安石、清代袁枚等先后来到圣汤延祥寺题诗颂扬。寺院建筑于1970年前后被拆除。

历代有关志书对该寺均有所记。宋《景定建康志》载："在城东六十里上元县神泉乡汤山其处有圣汤延祥院"，并有《圣汤延祥院记》碑刻。元《至正金陵新志》对延祥寺的记载更为详细，该志引用比《景定建康志》早的《乾道志》云："圣汤院，在城东南六十里汤山下。唐德宗时，韩滉为浙西观察使，滉小女有恶疾，浴于汤而愈，乃以妆奁建寺于汤山之右。"又引用比上述《乾道志》晚的《庆元志》云:"圣汤延祥院,庆元三年改为十方禅院。"明代《万历上元县志》的记载显得简洁明了:"延祥寺,在汤山西,一名圣汤院。唐韩滉小女有疮疾。浴于汤而愈,为建此寺。"

江苏省工人汤山疗养院

汤山疗养院为江苏省总工会直属大型疗养院。始建于1956年,现有客房大楼5幢,床位500余张。温泉水直通客房。治疗中心设有室内游泳馆、器械水疗、水按摩、温泉桑拿、健身房、娱乐室等。在皮肤病、骨关节疾病的治疗、心血管疾病康复等方面有独到之处。

南京军区汤山疗养分院

该疗养院位于汤山镇温泉路5号,院内有3个温泉。1932年,时任考试院院长的戴季陶在汤王庙附近建别墅,1937年被日军炸毁。12月15日日军占领汤山,看中了这里的温泉。次年就在此建造规模较大的伤兵医院。抗战胜利后,国民政府将其改建为联勤医院。解放后成为解放军八三医院。如今已建成具有特色的温泉疗养院。有多栋将军别墅楼和军师长疗养住过的军师楼。

方山景区

方山景区位于江宁区科学园内，紧靠正处建设中的大学城和高新企业区。远望如一方印，古称印山。因戴笠飞机在此失事，一度亦称戴山。方山是南京地区著名的死火山之一。山体基部坡度较缓，上部悬崖壁立，四周受雨水冲刷而沟壑纵横。约在距今300万至1000万年之间的上新世时期，方山发生过两次火山喷发，岩浆冷却凝固形成山体。

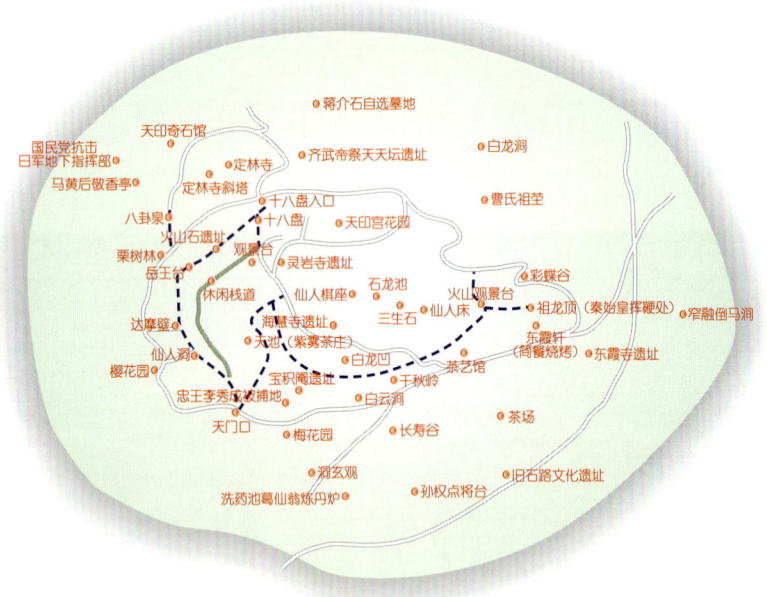

▲ 方山景区景点分布
▶ 定林寺
▶ 定林寺全景

定林寺

定林寺始建于南朝刘宋文帝元嘉十六年（439年），距今已有1500多年历史，为南朝宗教文化圣地、金陵名刹之一。佛教界仍有"南定林，北少林"的美誉。南宋乾道年间，高僧善鉴主持建成。

定林寺内不仅高僧云集，而且人文荟萃。南朝时期著名的文学家刘勰，在定林寺内久居十余年，

完成享誉世界的文学理论巨著《文心雕龙》。

定林寺在清末战争中遭破坏，20世纪只剩下了几间破旧的佛殿和定林寺塔。随着近年来地方宗教文化的兴盛，这座千年古刹得以在原址上复建。今天的方山定林寺占地面积500亩，建有天王殿、钟楼、鼓楼、大雄宝殿、祖师殿、伽蓝殿，正在修缮之中的藏经阁、云水堂、光明堂等建筑。

定林寺斜塔

定林寺塔位于方山北麓，是南宋（1173年）建，为定林寺的附属建筑物，已有830余年历史。

该塔为七级八面仿木结构楼阁形式，高14.5米，底层较高，边长1.46米，直径3.45米。底层和2层内方外八角，3至7层内部均为圆筒形。此塔专供佛像。塔身各面均用砖砌成仿木结构的柱枋、斗拱。两层以上每层围有叠色砖出挑的短檐、平座，檐角就地采用火山石（玄武岩）为材料做角梁，因石质松轻，易加工又耐久。该塔造型美观，雕刻精细，独具一格。

定林寺塔目前为南京历史最久的

过2003年纠正的定林塔斜度为5.3度，仍堪称世界斜塔之首。

洞玄观

东吴赤乌二年（239年）葛玄建。东晋时，为郑隐、葛洪等名道士讲道炼丹之地。元至二年（1336年），遭毁，明洪武年间重建，成化万历年间重修。有山门、三清殿、仙公殿等，道院4房。民国时，无道士看守，洞玄观废。幸存洞玄观遗址有炼丹井，洗药池。

石龙池与火山颈

石龙池在宋代即为方山名胜之一。它处于方山火山的火山口通道位置，出露岩石为辉绿岩。正由于它的地质属性，在1948年程裕祺先生的方山火山地质的专著中作了详细研究与描述。石龙池是辉绿岩（粗面玄武岩）中的裂隙水，用玄武岩块构成的水池，终年不涸。其旁侧出露辉绿岩大石块，有仙人棋、仙人床之典故。

楼阁式砖塔。1982年，方山定林寺塔被列为省级文物保护单位。在世界著名的斜塔中，意大利比萨斜塔斜度为4度，苏州的虎丘塔倾斜度为3.5度，方山定林寺斜塔最大倾斜度为7.5954度，而经

祖龙顶与上玄武岩

公元前210年秦始皇第五次东巡来到金陵方山，登临此顶，百姓就将秦始皇（即祖龙）当时登临方山的一个突起的山顶，称之为"祖龙顶"。

祖龙顶海拔较高，不仅是观日出最佳处，而且也是俯视大学城、欣赏田园风光的好地方。

祖龙顶上的玄武岩：祖龙顶的岩石是方山火山晚期喷发的玄武岩，分布在方山山体的上部，所以又称为上玄武岩，细看各种各样的玄武岩，有块状也有带气孔的。

十八盘与玄武岩

十八盘是曲径通幽的登山小道，由玄武岩形成的一处陡崖，岩面上刻有"十八盘"三字。此处可以清楚看到方山火山喷发早晚二期

◀ 定林寺斜塔
◀ 洗药池
▲ 火山颈辉绿岩
▼ 气孔状玄武岩

岩浆涌出地面流淌形成的层状玄武岩，中间夹有各处厚度1～3米不等的火山集块岩，形成层次清楚，可供观赏研究的方山玄武岩剖面。游方山漫步此道是最佳选择。沿途你会发现各种各样的石头，这就是1000万年前从地下30多千米的地幔岩浆，上升喷发出来的石头，称之玄武岩。当时火山呈高温熔岩流到这里冷却而成岩石。

各种各样的玄武岩，有呈致密块状玄武岩，加工后即日常生活中见到的天然黑色"玄武岩"。有多孔状玄武岩，也有呈红褐色炉渣状、瘤状、绳状形态的玄武岩。各种各样玄武岩是多次熔岩流在地表冷却而成的。一般每次熔岩流冷却的顶部显红褐，呈渣状、多孔状、绳状，中部孔洞少、致密块状，底部的气孔则呈扁平状。

这里曾是程裕淇先生在1947～1948年考察方山地质中走过的小道，他对方山火山的研究是中国古火山研究史上具有经典意义的篇章。

洞玄观组

洞玄观组（层）：是地质科学上的专业名词，它代表火山喷发前中新世早期河流里沉积的一套岩石。由含卵石与粗细砂子组成的砾岩、砂岩、泥

▼ 砂岩岩层
▶ 安琪马化石复原图
▶ 火山渣状玄武岩

岩。洞玄观组和南京地区含有雨花石的雨花台组时代相当。

安琪马化石：在洞玄观组泥岩中发现有称为安琪马的化石。化石由南京师范大学李立文老师于1956年5月6日带领学生实习时发现，经周明镇等鉴定。安琪马化石是中新世时期的一种食嫩草型马，在长江中下游地区为首次发现。

南京稀古仓鼠：发现于洞玄观组地层中，经朱夔文鉴定是一种仓鼠类下颌骨，命名为南京稀古仓鼠。在中新世地层属首次发现。

东观景台、火山渣集块岩

位于方山顶的东部，标高158.6米。建木质步道与观景台。你走上观景台，俯视郁郁葱葱山腰林带，远眺正在建设中的大学城风貌，感受城市中的公园。

这个观景台下出露红红的石头，就是方山火山爆发的产物——火山渣块。有红色多孔状火山渣（岩）块、灰黑色玄武岩块和呈椭圆形火山弹等。它们被红色或灰黄色火山灰胶结而成。火山集块岩分布在这里，也表示这里就接近火山口的位置了。

灰黑色玄武岩块——早期玄武岩被火山爆发而成碎块，一般呈棱角状形态。

火山渣（岩）——富含气体岩浆爆发而成多孔状火山渣，质地很轻又称浮岩。

火山弹——爆发时岩浆被撕裂，抛到空中降落而成，一般呈椭圆形。

方山是一座距今约1000万年前中新世时期火山。这座火山先后有三期喷发活动。第一期火山岩浆比较平静地从火山口中溢出，形成灰黑色的玄武岩，分布于山腰（下玄武岩）。第二期火山发生猛烈的爆发形成火山渣状集块岩，即方山观景台下的岩石。第三期火山再次喷发溢流形成灰黑色玄武岩分布于山顶。火山生命的结束是在这三期喷发之后，岩浆充填于火山通道内形成辉绿岩岩颈。

岩墙

这一条天然的石墙，在地质学称为岩墙。它是岩浆从地下深处上升，侵入到周围火山岩中，后经风化剥蚀而露出地表。平行岩墙侧发展板片状裂缝。

天池、南天门

位于方山顶部建有小亭，上写南天门，这就是民间传说的天印山是上天之印。走到这里就如上了天。

何谓天池？从火山地质学上说天池是指火山口积水而成的湖。如吉林长白山天池、黑龙江五大连池南格拉球天池、内蒙阿尔山天池等，这些天池均为年代较新的火山口内的湖泊。

方山火山是1000万年前的火山。

◀ 火山弹
◀ 天池
▲ 南天门
▼ 方山紫雾茶

1000万年以来不断风化，原始火山口已剥蚀了。这里仍存有一个低洼地积水，其周围均为玄武岩。玄武岩裂隙中的水汇集到这里，人们称方山天池。池中的水为玄武岩裂隙泉水，这也是大自然创造的一个泡饮方山紫雾茶的好水。

方山紫雾茶

方山有近400亩茶园，是方山紫雾茶的原产地。玄武岩风化而成富有矿物质的土壤，山顶空气清新，晨雾弥漫，为产出茗品——方山紫雾茶的天然条件。

方山紫雾茶，色泽翠绿，香如幽兰，味浓香醇，为紫雾茶中极品。

游方山、看茶园、品紫雾名茶是休闲的首选项目。

天印宫

天印宫，这里是方山制高点之一，海拔209米，现建有天印宫花园，为人们休闲观景之地。这里的桂花树，号称江宁桂花王。为丰富公园观赏性，园区陈列两块奇石。一块为硅化木，它是

- ▲ 天印灵璧石
- ▶ 天印宫观景台
- ▶ 国民党东方马基诺防线地下指挥所

树木的化石，仔细看这块石头上保留了树木纹理，但又很坚硬。这是由树木埋留在地下岩层中，岩层中二氧化硅取代了树木有机物质，成为硅质，但又保留树木纹理（年轮）结构；另一块石头称为灵璧石，灵璧石产于安徽省灵璧县而得名。它是在距今8亿~4.4亿年期间，浅海沉积形成的石灰岩，历经多次造山运动，形成具有色、声、质三奇，瘦、透、漏、皱、丑五怪的特点。

八卦泉

位于定林寺西侧半山腰的山沟间,因泉下寺僧耕种的两块田地形似八卦图而得名。定林寺兴盛时住僧达三百余人,生活用水全靠此泉,经观测,每天涌水量约50立方米,南京大学现代分析中心多时段多次采样分析,含钾、钠、钙、铁等多种对人体有益的微量元素,水质稳定,达优质矿泉水标准。山下的方前村长期饮用此泉水,使村民长寿,是远近闻名的长寿村。此泉水不久将成为拟建中的"九龙山庄"的养生泉。

国民党东方马基诺防线地下指挥所

"马基诺防线"是二战时西方盟军为了抵抗德军入侵,在法国境内马基诺设置的规模浩大的防线,是二战中著名的战略防线。抗日战争期间,国民党也建了类似"马基诺"防线的抗日防御工事,也就是我们今天所说的"东方马基诺防线"。

南京是国民党首都,总统府所在地,松沪保卫战失败后,日本侵略者疯狂沿沪宁线向南京进攻,国民党为保卫首都南京,花巨资在中华门外南郊建了很多地堡、碉堡等防御工事,号称"东方马基诺防线",而该防线的地下指挥入口就在方山定林寺旁100余米处,后因日本鬼子侦察出该防线,而避开该防线从南京东郊汤山攻进中山门打下南京,没有从南攻中华门,故该防线也未能发挥应有的防御作用。解放后,方山驻军将洞口改造,把地下指挥所作蓄水池,供一团人使用。后因部队使用自来水而废弃,今天我们看到的"国民党东方马基诺防线"的洞口是部队改造蓄水池后的洞口,已不是当年的洞口了。

蒋介石自选方山墓地

1935年夏,蒋介石到方山南面山脚下的装甲兵训练团视察时,对方山"一见钟情",特地请来一名风水先生陪他遥望方山,观察地形、地貌与风水。一个月后又从宁波、杭州、庐州(今合肥)、海州(今连云港)请来五名颇有名气的风水先生,陪他一起到方山看风水选墓地。当时有宋美龄、陈布雷、吴忠信、余济时等十多名文武亲信高官随行,声势浩大,出动军警、宪兵几千人。三步一岗,五步一哨。对方山四周实行戒严。五名风水先生一致认定,方山建陵大吉大利,"天印"之名可得永久江山。蒋介石欣然选定距定林寺塔东侧约200米处为墓址,坐北朝南。众人立即祝贺,大加赞赏,令蒋介石笑容满面。不久就调来一支工兵部队在选定的墓址处除草平地。至今在此处仍能看出当年平整过的墓址痕迹。

杨柳村民居

邻近方山有一古民居建筑群——杨柳村。杨柳村古民居建自明万历至清乾隆、嘉庆年间,由宋氏望系所建,共有36座宅院,现保存较完整的有17座,约300余间房。杨柳村古宅特点是:建筑群风格统一,结构严谨,均为坐南朝北的高墙深院。古宅为多进式穿堂结构,最多的有七进。中轴线上建有门厅,轿厅及住房,其左右轴线建有客厅、书房和厨房、杂层;隔扇屏门、花窗、雕梁等,极为精致,明净;门楼雕刻均为楷书砖刻。题书为"出耕入读","居安由正",蕴含耕读文化。

▲杨柳村民居

思索汤山方山

南京猿人之谜
阳山碑材之谜
阳山古生物化石是怎么形成的
汤山温泉的形成

南京猿人之谜

1993年，葫芦洞内出土了一具较完整的古人类头骨化石，引起了世界的瞩目。据科学鉴定，这是30万年前的南京猿人，证实了长江流域是中华民族的发祥地之一。在葫芦洞内发现的化石还有肿骨鹿、斑鹿等十余种，这些动物多生长在距今1.5亿年前的中更新世。猿人洞的发现是继云南元谋、陕西蓝田、北京周口店、安徽和县猿人之后的重大考古突破。

▼ 南京猿人复原图
▶ 猿人洞
▶ 南京猿人头骨化石

2003年，人们期待已久的"南京人"复原像日前已在科学家们研究成果的基础上，在北京中国科学院古脊椎动物与古人类研究所成功复原。

经多学科专家的系统研究，全面系统揭示了南京汤山葫芦洞猿人遗址的地理地质背景、南京直立人一号、二号头骨及其伴生的哺乳动物、孢子花粉、植硅体化石和洞穴成因演变，并用石笋热电离质谱技术和哺乳动物牙化石氨基酸外消旋测年数据，阐明了南京直立人的生活环境和年代。

专家们一致认为，南京直立人及其伴生的哺乳动物群的性质、年代与北京直立人（北京猿人）及其伴生的哺乳动物群相似，南京汤山葫芦洞与北京周口店第一地点属于同时期的古人类遗址。在专家们研究成果基础上，吴新智院士和中国科学院古脊椎动物与古人类研究所工程师一道，成功复原了南京直立人一号头部的全貌。

南京猿人一号头骨长16厘米，宽13厘米，脑量860毫升（男猿人在1000毫升左右，现代人为1400～1700毫升），颅骨表面纤细，光滑，故应为女性。根据她的上颌骨第二前臼齿的齿槽看，该牙齿根高仅为

13.5毫米，齿根近中远中径5.2毫米，这与北京猿人女性的齿根相应值分别为13.6～16.2毫米和5.3～5.8毫米很接近。根据她牙齿（臼齿）骨片缝合状况、推测为21～30岁。

专家们将头骨复原后发现，南京人一号头骨是个21～35岁的壮年女性，生前可能患有骨膜炎。她具有北京直立人的许多形态特征，并与中国不同时代古人类化石有遗传联系。有趣的是，一

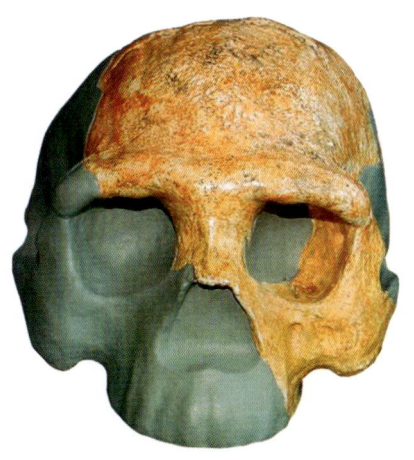
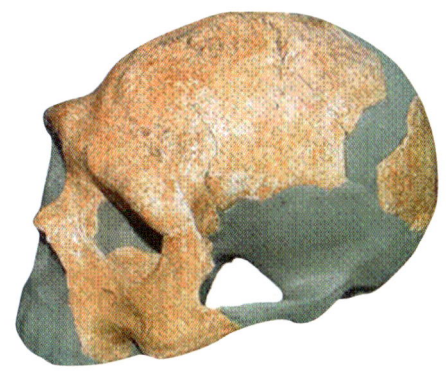

号头骨鼻梁高耸及上颌骨额突在中国其他人类化石中很少见，而在欧洲人类化石中出现较多，表明"南京人"在进化过程中可能曾有与外地区古人类杂交的现象。

葫芦洞内南面的小洞（即猿人洞）里，堆积着1.4米厚的红褐色黏土层。黏土层上面覆有2～3厘米厚的钙板。钙板上有石笋。钙板下面的黏土层中有许多哺乳动物化石及南京猿人一号头骨、孢粉化石和植硅体。科学家们通过对钙板中放射性元素铀的测量，得知其年代约距今56万年。动物化石是在钙板层之下，其年代应当比钙板层更早。而从动物化石氨基酸外消旋年代的测定，确定它们是距今60多万年的产物。从而推断出南京猿人一号头骨的距今年代为64万～56万年。

南京猿人二号头盖骨其颅骨粗壮，骨壁厚重，颅腔宽阔，表明他应为男性。

根据颅骨外矢状缝和冠状缝愈合程度推测他的年龄为24～41岁之间。若考虑到头骨小者愈合较早，推测他的年龄应在30～40岁之间。

南京猿人二号头骨具有一些智人特征，可以属于比较进步的猿人或处于猿人到智人的过渡阶段。

南京人二号头骨是个壮年男性，处于直立人到智人的过渡阶段。二号头骨额骨上的正中矢状隆起低而宽，也与欧洲和非洲直立人及早期智人相近。专家们认为，南京人一号、二号头骨为中国古人类连续进化附带杂交和现代人多

◀ 发现动物化石的土层
◀ 发现南京猿人头骨的土层
▲ 发现动物化石的土层
▼ 哺乳动物化石

地区起源假说，提供了新的重要化石证据。

猿人小洞在大洞内南面洞底下3~4米处，小洞面积6~7平方米，洞高2.3米，洞内沉积的红褐色黏土层1.1米厚。

在靠近下部的土层中含有许多哺乳动物化石。南京猿人一号头骨就产于此。南京猿人二号头盖骨产于小洞与火洞过道处地层中，年代比一号头骨晚20多万年。

在南京汤山葫芦洞内，共发现两个哺乳动物的化石层位。一为大洞动物群，共5目13科16属17种。第二层位产于猿人小洞内，与一号头骨伴存，共4目11科14属16种，称之为小洞动物群。

南京猿人与北京猿人有许多相似之处，如头骨尺寸均较小，头颅低而狭长，脑量在860~915毫升，前额均低平，后倾，颅盖低，最大宽度约近耳处，骨壁均在10毫米左右（现代人仅5毫米），年代距今都在60多万至20万年间，且晚期的猿人都比较进化等。但他们也有区别，如南京

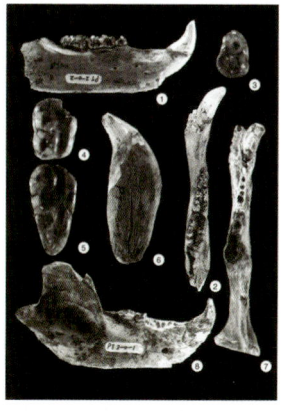

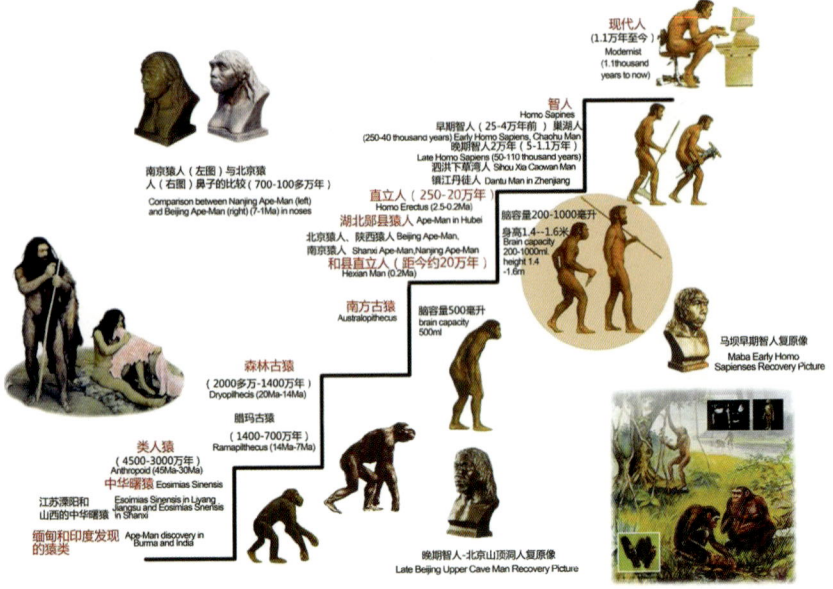

- ▲ 南京猿人在人类进化中的位置
- ▼ 南京猿人牙齿化石
- ▶ 南京人一号正面
- ▶ 南京猿人与北京猿人的比较

猿人枕头轮廓线弯度小，不明显后突，也不是发髻状，头骨宽度相对长度，显得较宽，鼻梁骨向前突而高耸，上颌额骨突有丘状膨隆结构，颜面上部扁平度较高，颜面纵向突度强，面部更低而相对较宽等，这说明我国北方人和南方人在猿人时代就有差别了。

南京猿人处人类从猿到人的进化中处于在南方古猿到智人之间直立人的位置，可以直立行走。

南京猿人牙齿之谜

北京大学吕遵锷教授称在葫芦洞的猿人小洞发掘出一枚猿人的臼齿；但中国科学院古脊椎动物与古人类研究所的专家们一致认为，那是一枚智人的臼齿。若是智人臼齿，它怎会出现在小洞的老地层中，这是一个未解之谜。

南京猿人生病之谜

南京猿人的一号头骨有严重的骨膜炎，这是世界上首次在猿人中发现疾病，但为何生病？是否与她死亡有关？现仍是个谜。

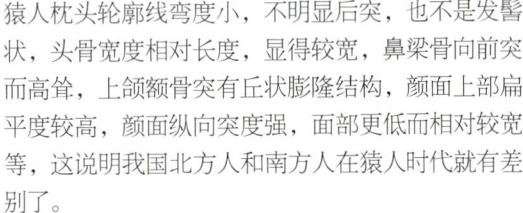

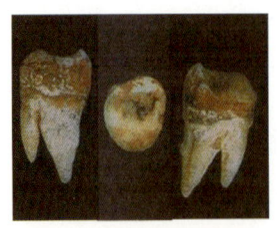

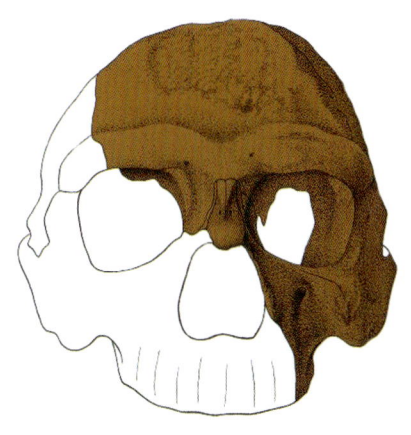
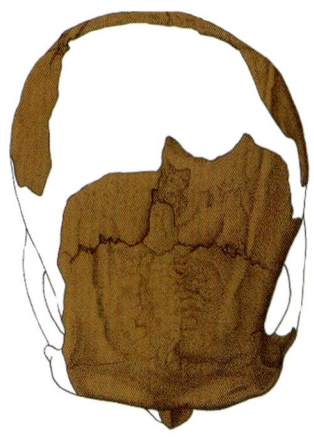

南京猿人高鼻子之谜

南京猿人鼻骨高耸,是由于为适应寒冷气候所致,还是与欧洲人基因交流的结果,目前专家还在争论中。

南京猿人二号头骨年龄之谜

南京猿人二号头骨化石是产于一砾石层中,此层与上下地层关系并未完全搞清,且由于砾石层有些硅化而未能测其准确年代,而只能根据周围石笋和钙板的年代来推测。

阳山碑材之谜

阳山碑材又名孝陵大石碑，是明成祖朱棣为颂扬其父朱元璋功德而凿的。碑材分碑座、碑身和碑头三块，如果将它们拼合竖立起来，总高度可达56.15米，堪称绝世碑材。清代著名诗人袁枚在《洪武大石碑歌》中惊叹："碑如长剑惊天倚，十万骆驼拉不起。"

▼ 阳山碑材碑座
▶ 阳山碑材与孝陵大石碑毛坯规格尺寸剖面图
▶ 阳山碑材碑头

三块碑材究竟有多大？
三块巨型碑材下部硐室以上的有效规格（矩形体）的尺寸：
碑头：高6米、宽18米、厚9.8米，重2815吨；
碑身：高38.65米、宽10.52米、厚4米，重4326吨；
碑座：高11.5米、宽16.1米、长23.3米，重11475吨。
碑头、碑身、碑座三者叠高56.15米，总重18616吨。
凿刻成待运孝陵大石碑毛坯规格尺寸

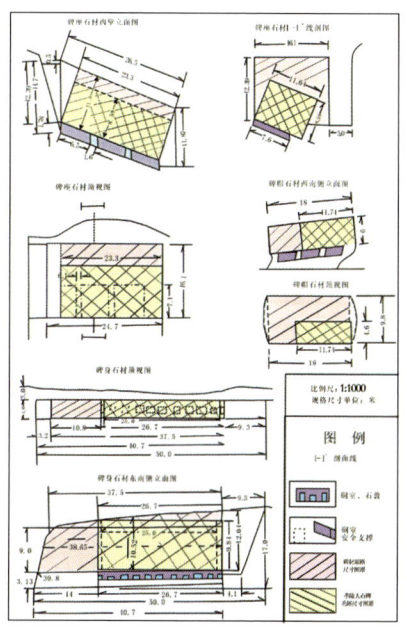

(1)碑身石材下方硐室预示大碑规格尺寸缩小,硐室以上矩形体才是有效碑材;

(2)明初五大名碑规格尺寸蕴藏重要信息。

通过对明初的岐阳王李文忠墓神道碑、御制中山王徐达墓神道碑、大明孝陵神功圣德碑、御制弘仁普济天妃宫之碑和大报恩寺碑(北)五大名碑规格尺寸的研究发现,碑头、碑身、碑座三者大小,它们之间是有一定的比例关系的,碑身是通碑的主体,碑身高与宽的尺寸尤为重要,知道了碑身的高度,就能推算出全碑其他各部位的规格尺寸数。经对上述五通碑的碑头、碑身、碑座规格尺寸平均值的计算得知,碑身高是碑身宽的2.47倍,是碑头高的3.01倍,是碑座高的4.79倍。碑身石材改小

规格的高26.7米,减去两头插入碑座与碑头的榫头长度假设为1.7米,取整数25米参与计算,则获得大石碑毛坯规格尺寸数据。根据实测有效尺寸,最后确定孝陵大石碑毛坯尺寸。

阳山碑材凿刻成孝陵大石碑毛坯规格尺寸:

碑头:高6米、宽11.74米、厚4.6米,重862吨;

碑身:高25米、宽9.84米、厚4米,重2617吨;

碑座:高8.59米、宽11.64米、长23.3米,重6198吨。

碑身、碑座、碑头叠加总高约39.59米(≈40米),总重9677吨。

阳山碑材凿刻成孝陵大石碑的毛坯为是世界之最

明代阳山碑材问世前,我国历史上出现有记载的最大碑材,是宋徽宗建中靖国元年(1101年)至宣和七年(1125年),为在山东曲阜寿丘的景灵宫前立甲(大)乙(小)两组共4通石碑,据杨奂《东游记》记载的4通大小

◀ 阳山碑材碑身

碑毛坯规格尺寸数据，由丈尺换算成米，最大的甲对二碑，碑身高8米，宽4米，厚1.33米；碑座高6.33米，宽5.33米，长7.83米，碑头高6米，宽5.33米，厚1.37米。甲乙二组4通碑材从山上开凿到运至山下加工成毛坯，花了8年时间，自山下运抵景灵宫前花了15年时间，平均每天运输距离约2.8米（"日挪卧牛之地"）。阳山碑材如果按照缩小后的规格尺寸凿刻成待运至孝陵的毛坯，其通高40米几乎是景灵宫碑材通高的一倍，其总重量9677吨，是景灵宫前单通碑材总重量929吨的10.4倍，是我国历史上最大碑材，也是世界之最。

阳山碑材此前公开发表的规格尺寸情况

已知公开发表、公示的阳山碑材规格尺寸，影响最大的有下列3组数字：

（1）1956年南京市文管会为了申报省级文物保护单位，王引与金琦以步代尺（1步按0.7米），再用目估的办法，在越大越好的思想指导下，忽略了碑材必须是矩形体的基本原则，而且错误地将为取碑材而凿刻的下部硐室也估算在内，使阳山碑材第一次有了一个存在严重错误的规格尺寸数据，且被人们长期引用。

碑头：高10.7米、宽20.3米、厚8.4米，重4926吨；

碑身：高49.4米、宽12.18米、厚4.4米，重7148吨；

碑座：高13.0米、宽16.0米、长31.2米，重17522吨。

碑头、碑身、碑座三者叠高73.1米，总重29596吨。

（2）2002年建明文化村和阳山碑材公园时，在明文化村立阳山碑材规格尺寸说明牌和碑头、碑身、碑座处安置景点说明牌时认定了三块碑材的规格尺寸：

碑头：高10米、宽22米、厚10.3米，重

6118吨;

碑身:高51米、宽14.2米、厚4.5米,重8800吨;

碑座:高17米、宽16米、长23米,重16250吨。

碑头、碑身、碑座三者叠高78米,总重31168吨。

(3)2005年南京国际联合旅业管理有限公司为申报"大世界基尼斯之最",请南京市标准计量局测绘部用激光测距仪与钢卷尺,对阳山三块碑材进行了测量,由于对碑材规格尺寸应是矩形体有效部位尺寸的基本概念未弄清楚,而且错将碑座与碑身下部的硐室也当作碑材的一部分测量与计算在内,因而出现用精密仪器测得下列极其错误的结果,尤其是碑身高52.5米这个数据,错得太离谱。

碑头:高6.5米、宽18米、厚10米,重3112吨;

碑身:高52.5米、宽13米、厚4.1米,重7443吨;

▲未完成的阳山碑材

碑座：高16米、宽12.2米、长30米，重15577吨。

碑头、碑身、碑座三者叠高75米，总重26132吨。

阳山碑材工程半途而废没有运走建碑之谜

（1）放弃巨碑改大碑而立常规帝陵碑

若要将巨型碑材改凿成大石碑毛坯尺寸，需要凿刻的工作量十分巨大，迫使朱棣痛下决心，放弃阳山巨型碑材工程，另凿一通常规帝陵碑。

（2）巨碑运输问题难解决

民间传说

阳山地区的民谣说："东流到西流，锁石锁坟头，东也流西也流，神仙也摇头。若要碑搬家，除非山能走。"（东流、西流、锁石、坟头都是阳山附近的地名），就是说，山既不能走，碑材也就留在原地了。

有传说：峨眉有位神仙夜观天象，知东方百姓遭难，一打听是阳山碑材劳民伤财，为减轻百姓痛苦，便留下"碑材搬不走"的话。朱棣得梦后，长叹：非我不搬，乃天意不可违。

迁都说

阳山碑材景区展牌说明创此说。此前景区制阳山碑材简介牌中中、英、日三种文字重提迁都说，认为阳山碑材工程半途而废，没有派上用场，与朱棣要迁都北京有关。

说朱棣因为要迁都北京，所以放弃了阳山碑材运往孝陵建碑。宋荣祥、陶卢鸿《阳山碑材遗址》一文中也有此说："朱棣又要迁都北京，他无意为其父陵园再过分装饰，因而作罢，同时另凿石碑代替。"此文收录于《南京博物馆巡礼》一书中。

此说是不成立的。因为阳山碑材停工是永乐三年的事，讨论、筹办、迁都那是永乐十四年至永乐十八年的事，将相差十一至十五年的事，二者硬拉扯在一起是说不通的。此问题有专题论述，项长兴《明成祖朱棣迁都北京之谜》一文，发表于《南京晨报》2004年6月13日A9版。

气候与地理条件说

季士家《阳山碑材新论》，论述碑材弃于原地的两个原因：古代运输巨大石材，用泼水形成冰道下坡滑行法、平地用圆木滚动等方法运输。南京气候条件，地面不能结成可以承受上千吨重巨石的厚冰；阳山至孝陵为低山丘陵地貌，沿途大小山岗多，即使形成能重载的厚冰，要巨石反复上下山岗，也是不可能的。

景灵宫碑材艰难历程佐证孝陵碑材寸步难移

山东曲阜寿丘宋代景灵宫碑材，从山上凿刻下来运到山下，加工成毛坯，二对四通碑材中最大的是二块碑座，每块重703吨，从山上运到山下，加工成毛坯，用了8年时间，又用了15年时间才运到景灵宫前，平均每天运距只有约2.8米（"日挪卧牛之地"），阳山碑材计算出大石碑毛坯最重的是碑座，重达6198吨，是景灵碑碑座703吨重的8.5倍，景灵宫碑材每天运距只有约2.8米（"日挪卧牛之地"）。因此，可以判定如此巨大的阳山大石碑毛坏，别讲运不到孝陵，就是在山上原地要移动寸步，可能也很难做到，如果要运到孝陵神道，可以判定是不可能的。就是科学发达的今天也还是无法运走。已知南京地区使用的最大石料是明孝陵神道上一对站立的骆驼和一对大象，单个毛坯重量约70~80吨，可能是从青龙山运去的，至今还没有发现有重量在百吨以上的大石料由山区运到市内的，千吨以上的更无先例，因此，朱棣弃用阳山巨型碑材，改用常规帝陵碑的决策是完全正确的。

阳山碑材六百多年未遭人为破坏之谜

（1）龙潭"天降神龟"就地取孝陵碑材，阳山碑材免遭破坏

传说南京东北郊的龙潭地区"天降神龟"，永乐皇帝朱棣听到传说后，命廷臣派石工去龙潭寻找神龟，选取碑材，"乃掘地三丈许（30尺，即10米），忽得石龟，隆然若蹲，形体之似，宛若生威，九畴参错，有自然之文。匠工惊愕，以为神异。遂奉从献于太廷。有诏俾臣民观之，莫不欢欣骇跃"。见金幼孜：神龟颂并序《金文靖集》。

梁潜见到神龟，"臣潜百拜稽首而献赋曰……"见梁潜：神龟赋《泊庵集》。

上述两人的文集都收入《钦定四库全书》，《明孝陵志新编》书中收录了金幼孜的《神龟颂并序》，梁潜的《神龟赋》两篇文章。

"天降神龟"之说，实为朱棣弃用阳山巨型碑材，为其父皇朱元璋立常规帝陵碑，与有关大臣密谋策划的"成果"，这就是现今史料记载明孝陵神道上的神功圣德碑的取材来自龙潭的缘由。当时没有在阳山碑材上改制小型碑材，逃过了免遭破坏的一次厄运。

（2）阳山碑材下部硐室是流浪者的栖身安家之所

据调查了解，阳山碑材停止施工后，不知从什么时候开始，从山东、安徽、江苏等地出来的流浪人员，就将碑材下部的硐室当作房屋栖身、安家、结婚、生子，为方便上下，在硐口下部填上泥土或石块。据一位老先生讲述,他的父亲1932年出生在阳山碑材硐室。直到1951年实行土地改革时,久居硐室的人员分得土地,建造了房屋才从硐室内搬出来。这很可能也是几百年来阳山碑材未遭人为破坏的原因之一。

(3)江宁区(县)、南京市文物部门为保护阳山碑材不遭人为破坏,做了大量宣传教育工作,阻止了当地生产队和企业多次计划上山大规模开山采石的行动。

为了有效地保护阳山碑材,南京市人民政府于1992年决定建设阳山碑材公园,紧临阳山碑材的钟山水泥厂停止生产,搬出风景区,彻底消除了破坏阳山碑材安全的隐患。

阳山碑材守望六百多年终究有结果

阳山碑材伫立在西峰山脊,已经默默地守望了六百多年,历经沧桑,没有遭到破坏,保持原貌,实属奇迹。在守望什么?谁也不知道,时至今日,终于有了结果,阳山碑材不但列为省级文物受到保护,而且成为世界级"大明星",阳山也沾其光成为南京著名风景区,中外游客都争想前来阳山目睹其"雄姿"。令朱棣万万没有想到的是:昔日被他抛弃的碑材,今日却被世人视为"宝贝",凡到阳山来观碑赏景的中外游客,见其"尊容"无不惊叹称奇更没有想到会有专业人士前来追根刨底,考证碑材的"出生"时间和被"抛弃"的时间与原因、规格尺寸大小等奥秘。

阳山碑材的岩石是距今约2.8亿年前浅海环境沉积形成的栖霞灰岩,地层剖面完整、出露良好,蜓类、珊瑚等古生物化石十分丰富,过去曾是南京地区大专院校地质专业教学实习和科学研究基地。有不少地质内容可以开发为旅游景点。如今已建设成为江苏江宁汤山方山国家地质公园主要景区之一,使古老的阳山碑材重新焕发青春。

◀ 明孝陵神道上的神功圣德碑

▲ 山东曲阜景灵宫前"万人愁"碑

阳山古生物化石的形成

古生物化石是指人类史前地质历史时期形成并赋存于地层中的生物遗体和活动遗迹，包括植物、无脊椎动物、脊椎动物等化石及其遗迹化石。它是地球历史的鉴证，是研究生物起源和进化等的科学依据。古生物化石是重要的地质遗迹，是我国宝贵的、不可再生的自然遗产。

▶ 阳山古生物化石

阳山园区规划面积0.32平方千米。组成山体的岩石为距今约2.8亿年前浅海环境沉积形成的栖霞灰岩，已知古生物化石有蟾类、珊瑚类、苔藓虫类、腕足类、腹足类等。在碑头、碑身、观景步道等处能见到珊瑚、腕足类、腹足类、头足类等化石。如果仔细寻找，蟾类化石、苔藓虫化石也能找到。

珊瑚化石（Corals）：珊瑚分类上列为腔肠动物门。珊瑚名称由希腊文的Anthos（花）与Zoon（动物）组成，意即花形动物，因为这类动物在形状和颜色方面都近似花朵。珊瑚为底栖的海生动物，有单体和复体。在碑头石材东南侧中部硐室下方，见到两个近似园形的珊瑚化石，古采石场和碑身上也见到珊瑚化石。

腹足类化石（Gastropoda）：腹足类动物属于软体动物门。广泛分布在海洋里、淡水中和陆地上。软体分为头部、足部和内脏团三部分。体外常具有一个螺旋形、圆锥形、笠形或平旋形的螺壳。在碑身石材上、碑座南侧山坡的观景步道上都有腹足类化石分布。

腕足类化石（Brachlopoda）：腕足类动物是一门不分节而具有体腔，海生单体动物，主要生活在浅海区。具有两枚壳瓣，包围着软体。在碑身石材硐室东南侧下部岩壁上见到一个贝类化石。

头足类鹦鹉螺化石（Nautiloidea）：属于软体动

物门。生活在海水里,头部有触手,用以捕食、爬行或游泳,故名头足。化石仅保存外壳,壳直、弯曲或松卷,壳体的形态与特点是研究鹦鹉螺的重要依据。在碑头西部硐室下方岩壁上能找到个体较小的鹦鹉螺化石。

古生物化石形成与保存条件:古生物化石,是指地质历史时期形成并由赋存于地层中的动物与植物的实体化石及其遗迹化石。

化石是怎样形成的

古代生物死亡以后(包括遗体、遗迹或遗物),在适当的压叠起来,后被矿物质充填或交代,形成化石。

化石保存的条件:

(1)生物本身必须具备易于保存的硬体;

(2)古生物死亡后,必须有某些沉积物将它迅速埋压起来,才能较好地保护;

(3)埋压的古生物要在一定时间内,经过固结、充填、交代等石化作用而形成化石。

保护古生物化石的科学意义

古生物化石是进行地球演变、生物进化等研究的重要资料,是确定地层时代进而寻找矿产资源的重要线索,是研究古代动植物习性、繁殖方式及生态环境的珍贵实物论据,是探索地球演化史上生物大批死亡、灭绝事件的最重要实体。

为了保护古生物化石,国务院于2010年9月5日公布了《古生物化石保护条例》,自2011年1月1日起实行。

广大游客在游览观赏阳山碑材园区内古生物化石时行为要文明,不随意涂刻。保护文物、保护古生物化石人人有责!

汤山温泉的形成

　　温泉是水温超过20℃的泉，有些温泉高达100℃。温泉的水多是由降水或地表水渗入地下深处，吸收四周岩石的热量后又上升流出地表，一般即使矿泉。中国已知的温泉点约2400多处。台湾、广东、福建、浙江、江西、云南、西藏、海南等地温泉较多，其中最多的是云南，有温泉400多处。腾冲的温泉最著名，数量多，水温高，富含硫质。

汤山地下水储存在哪里

　　组成汤山的主要岩层为距今4.4亿年前的奥陶系石灰岩，总厚度近3000米，岩层陡立，层理明显，经多期多次构造变动（造山运动），断层、裂隙、溶洞发育，地表水进入地下后，连通性好，构成良好的地下水运行网络，成为丰富的地下水的储水库。

温泉水的来源

　　主要来自天水，当大气降水（落雨）达到地面渗入地下后，其余汇流变为流水，亦有一部分渗入

◀ 化石形成示意图
▼ 汤山温泉

地下，渗透水是地下水的主要来源。

地下水为什么是热的

热源主要来自两个方面：一是地热增温，增温率为3‰，即每深入地下100米，地温就增高3℃，地下水温也提高3℃。这种热能是地壳内部放射性元素裂变而产生的。二是与岩浆活动和断裂构造有关。在距今约1.2亿年前岩浆沿断层裂隙侵入到汤山地区的石灰岩层，形成岩体、岩脉，可能有残余热能。由这两种热能使地下水成为热水。

温泉形成还要有盖层

盖层：距今约4.2亿年前的志留系至距今约1亿年前的白垩系下统，厚约3000余米的一套砂页岩、泥质岩地层，透水性差、裂隙不发育，分布在热储层部分地段的上部或周边，为良好的隔热盖层。

地下水热水是怎样上升形成温泉的

汤山温泉在成因上属深层循环地热增温，兼与岩浆活动有关的地热流体（含多种微量元素的汽水热液）。断裂构造成为深部地热流体向浅部运移通道，成为地下热水溢出形成汤山温泉的重要条件之一。当地下热水沿着纵横交错的破碎带和溶洞，由高向低流动，遇到不透水的火成岩—石英闪长斑岩或砂页岩阻挡时，地下水就沿断层，裂隙上升涌出地面，形成温泉。

▼ 汤山温泉热水形成机理示意图

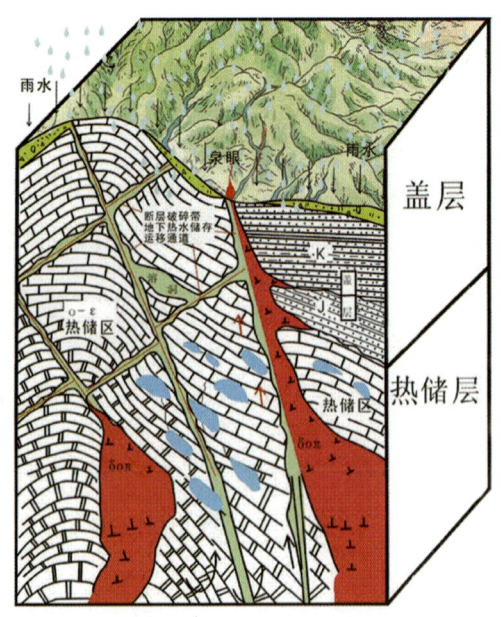

旅游资讯

行住吃游购娱

行

江宁区位于南京市中部，东与句容市接壤，东南与南京市溧水区毗连，南与安徽省马鞍山市衔接，西与安徽省和县及南京市浦口区隔江相望。汤山风景区位于南京东郊23千米，是南京市规划重点建设的风景区。方山距离南京市区约30千米，有旅游车直达。

外部交通

航空交通

江宁区境内有南京禄口国际机场。禄口国际机场距方山风景区22千米，从机场高速经过天元路、天印大道到达方山风景区。距汤山风景区35千米。

公路交通

江宁区内公路四通八达，区内有等级公路1800多千米，居全国第一。境内有104国道、312国道、205国道及沪宁高速公路、宁马高速公路、宁高高速公路，宁杭高速公路及横跨江宁的南京绕越高速。做为南京三环路重要组成部分的汤铜公路由东北向西南横跨江宁全区。

汤山园区

①上海方向到汤山

上海—沪宁高速—汤山出口—宁杭公路—南京古猿人洞—阳山碑材（明文化村）园区

②南京市区到汤山

a.中山门—沪宁高速—汤山出口—宁杭公路—南京古猿人洞—阳山碑材（明文化村）园区

b.中山门—宁杭公路—马群—麒麟—阳山碑材（明文化村）园区—南京古猿人洞

③杭州方向到汤山

杭州—宁杭高速—开城路出口—宁杭公路—阳山碑材（明文化村）园区—南京古猿人洞

方山园区

①南京禄口国际机场：

南京禄口国际机场—机场高速—天元路—天印大道—方山园区。

②宁杭高速：

宁杭高速天印大道出口—天印大道—方山园区。

③南京绕城公路：

南京绕城公路—双龙大道—诚信大道—方山园区。

④南京绕越高速：

南京绕越高速—科学园—方山园区。

铁路

南京是连接华中、华东、华北的重要交通枢纽，宁启、津浦、沪宁、宁芜、京沪高铁、宁安铁路交汇于此，可达全国各大城市。华东最重要的铁路枢纽南京南站位于江宁岔路口地区。江宁区距离火车站7千米。

水运

江宁距亚洲内河第一大港口新生圩港仅17千米，东距入海口347千米。

港内可常年停泊5万吨级的远洋货轮，每月均有发往日本、香港、韩国、新加坡等地的航班。

内部交通

汤山园区

南汤线：南京火车站—阳山碑材—南京猿人洞

游5：南京火车站—阳山碑材

123路：麒麟悦民路—坟头站（阳山碑材园区）—南京猿人洞

金汤线：东山金宝市场—南京猿人洞

方山园区

方山风景区周边公交线路有安广线、南广线、义旺线、江宁6路、7路、3路、17路。其中7路公交车终点站为方山园区北入口停车场。

地铁：乘坐南京地铁1号线南延到天印大道站或南京院站下车转乘公交线路约10分钟即到达方山园区。

江宁长途汽车客运时刻表（本表信息仅供参考）

发车站	终点站	发车班次	发车站	终点站	发车班次	发车站	终点站	发车班次
江宁	盐城	05:20、06:35、08:35、10:00、12:20、13:20、14:40、17:30	江宁	东台	7:00、12:20、15:20	江宁	张家港	09:00、13:00
江宁	南通	05:20、09:40、12:10	江宁	上海	07:00、13:30、15:10	江宁	新沂	09:10
江宁	赣榆	05:20、14:00、15:20	江宁	睢宁	07:00、13:45	江宁	泰州	09:20、14:30、15:20
江宁	灌云	05:50、06:30、13:50、15:30	江宁	泰兴	07:40、12:50	江宁	常州	09:45
江宁	大丰	06:00、14:20	江宁	宝应	07:50、10:20	江宁	苏州	09:45、13:40
江宁	建湖	06:00、12:40	江宁	丹阳	08:00、13:00、16:00	江宁	无锡	09:45、13:40
江宁	灌南	06:10、08:30、12:30	江宁	杭州	08:00、14:10	江宁	溧阳	9:50、16:30
江宁	如皋	06:20	江宁	宜兴	08:00、10:30、13:30、16:30	江宁	兴化	10:20
江宁	沛县	06:20、10:30	江宁	单县	08:20	江宁	李堡	11:30、17:30
江宁	汤沟	06:20	江宁	张渚	08:40	江宁	大营	12:20
江宁	沭阳	06:40、08:30、13:30	江宁	扬州	08:50	江宁	姜堰	14:30

住

南京汤山素以温泉驰名中外,汤山温泉是全国四大名泉之一,至今已有1500多年的历史。汤山是属于热衷于泡温泉的游客的一个天堂,汤山的温泉可谓天下少有。美妙的风景加上温热的温泉,将会给您一种完全不同于城市喧哗的景象,仿佛在人间仙境。

南京御豪汤山温泉国际酒店,坐落于中国四大温泉之首的南京汤山。建筑面积约2.9万平方米,是民国建筑风格的温泉度假酒店。酒店拥有典雅舒适的各类客房164间套,专设行政楼层与温泉套房外,3套不同装修风格的豪华别墅更是招待贵宾政要的首选。酒店有中西餐厅、宴会包厢、特色餐厅、咖啡厅、高档酒吧等餐饮场地。酒店温泉洗浴中心、健身房、游泳池、网球场、迷你高尔夫、桌球室、KTV、棋牌室等都是您放松身心、健康休闲的理想选择。

江宁区宾馆饭店推荐

香樟华苹温泉度假酒店

香樟华苹有东方风格、爪哇风格、马来西亚风格、巴厘岛风格等六种不同风格的21幢独立院落式客房，每幢都配有私人泳池、露天的温泉按摩池，更有来自印尼的SPA服务。

咨询电话：025-84107777

御庭汤山温泉度假酒店

御庭汤山温泉度假酒店是世界小型豪华精品酒店会员单位，同时也是2007年度中国十佳旅游度假酒店之一。酒店拥有100间客房，提供传统泰式水疗和健康按摩美容。

咨询电话：025-87131188

御豪汤山温泉国际酒店

南京御豪汤山温泉国际酒店是民国建筑风格的温泉度假酒店。酒店拥有典雅舒适的各类客房164间套，专设行政楼层与温泉套房外，3套不同装修风格的豪华别墅更是招待贵宾政要的首选。酒店有中西餐厅、宴会包厢、特色餐厅、咖啡厅、高档酒吧等餐饮场地。酒店温泉洗浴中心、健身房、游泳池、网球场、迷你高尔夫、桌球室、KTV、棋牌室等都是您放松身心、健康休闲的理想选择。

咨询电话：025-84109999

颐尚温泉度假村

颐尚温泉度假村是融度假酒店、温泉疗养、休闲娱乐为一体的五星级温泉度假村，有花瓣浴、养生浴、土耳其浴、芬兰浴、罗马大理石浴等共50个露天温泉池和15间高档雅致的私密性特色汤屋。

咨询电话：025-84103008、51190666

紫清湖生态旅游温泉度假村

紫清湖生态旅游温泉度假村融餐饮、客房、多功能会议室、观景温泉浴、山地迷你高尔夫、室内水上高尔夫练习、草地网球场等休闲娱乐商务于一体。客房数量为13间。

咨询电话：025-87127777、87138999

巴厘·原墅温泉会馆

原墅温泉会馆坐落于半山之上，群山环抱，绿树掩映，视野开阔，美景迷人，温泉喷涌，是风靡世界半山原生态的代表作。温泉SPA水疗区，内有温泉泡汤池、温泉游泳池、桑拿蒸房、健身房、按摩房。温泉泡汤池分别为冷泉池、气泡池、冲击池、浮浴池以及温泉按摩池。

咨询电话：025-84101771、84101772

吃

江宁区的特色美食有丹阳的羊肉面、陆郎的茶干、方山乳猪、东善桥的扣肉、竹笋、铜山的狗肉面、汤山板鸡、上峰的野味、铜井的野蒿子、陶吴的清汤狗肉、曹村的臭干、土桥镇的"贴炉面筋"、陶吴吊瓜子、横溪的西瓜、湖熟的板鸭、牛肉、乌嘴鸭煲、东山老鹅、骨头汤、上坊熏干、禄口香鸡。

东山老鹅

吃老鹅风气起源于东山镇东新南路,店主是个地道的农民,店容店貌极不上档次,但唯独他家的高压锅红焖老鹅,倾倒整个东山镇,再蔓延到南京城,鼎盛时东新南路上停满城里来的食客专车。东山老鹅就是指将鹅剁成块,与土豆块红烧,因其独特做法最早出自南京江宁的东山镇,故得名东山老鹅。

汤山板鸡

汤山板鸡源于三百多年前的清康熙年间,是南京著名的特色食品,为当时清朝宫廷御用板鸡,在慈禧太后60寿辰大宴群臣时指定汤山板鸡为头道菜。民国时期,蒋介石等国民党政要有到汤山温泉休闲的习惯,经常品用汤山板鸡,赞不绝口!荣获"中国第一板鸡"美称。

汤山板鸡入口香醇味美、咸度适中、肉质劲而不硬、味中有味、回味无穷,令人百吃不厌,是休闲旅游馈赠亲友的上等佳品。

湖熟板鸭

板鸭,是江宁湖熟久负盛名的特产。相传已有300多年的历史,清时作为贡品进献皇宫,称为"贡鸭";官吏之间也经常以板鸭为礼物互相馈赠,名曰:"官礼板鸭"。湖熟板鸭坚持传统的"炒盐腌、清卤复、晾的干、煮的足"制作工艺,成品皮白、肉红、肉嫩,"食

之油而不腻，香酥适口，回味返甜"。

湖熟板鸭畅销国内21个省市并出口到日本、美国、韩国、德国等国家和港澳地区，先后荣获"七五"全国星火计划博览会成果金奖、全国食品行业名牌优秀产品等多项殊荣。

骨头汤

骨头汤的每根骨头都是经过挑选的，上面有肉有筋，根根有骨髓。汤汁很鲜，这绝对不是加味精、鸡精之类的调味料能做出来的，而是经过长时间的炖煮而成。鲜美的骨头汤配上大白菜，使得汤更加美味。你还可以在吃完骨头之后点一些菜，把汤当底汤，吃火锅。

大鱼头炖老豆腐

汤山小菜香农家菜馆风味独特的"大鱼头炖老豆腐"让众多食客赞不绝口。几乎所有的游客继泡温泉之后必去小菜香菜馆品尝一下经典菜肴"大鱼头炖老豆腐"、"清蒸小公鸡"。

本品主料花鲢大鱼头取自素有"汤山小九寨沟"之称的千亩安基湖，绿色无污染。豆腐为地道农家老豆腐，使之保持特有的风味。此品曾被食客誉为"鲜美滋味，营养之最"，其汤汁浓郁，美味悠长，更是馈赠亲友的上好珍品。

香藕

作为南京特有的圩区水产蔬菜——花香藕，鲜嫩、甜、香、脆是它的招牌特色，在明朝时候甚至被制作贡品"捶藕"而进奉北京，因此它在南京的地产农产品历史上占有着举足轻重的地位。

"花香藕只有南京才有，这在全国都非常有名。"以花香藕为代表的"水八鲜"在南京影响颇深，水西门外大街上的大士茶亭甚至也是因它们而获名。

陶吴吊瓜子

吊瓜，学名为"栝楼"，它生长在具有特殊土壤、气候的甘泉湖深山中，属纯天然绿色食品。清朝列为贡品出口日本及东南亚各国和地区。其味润绵、脆香、特异。

横溪西瓜

江宁横溪土壤与气候非常适宜西瓜生长。同时,横溪西瓜不施用化肥,严格按照绿色食品标准进行生产管理,确保了西瓜的优良品质,口感极佳。

横溪瓜农大多坚持使用传统种植方式,只用有机肥、农家肥。该镇5万多亩西瓜种植面积中,一半左右是小型甜西瓜。

清蒸小公鸡

汤山小菜香农家菜馆风味独特的"清蒸小公鸡"非常著名。

本品主料采用农家放养小公鸡,经传统工艺制作而成,不添加任何防腐剂,其美味营养,回味无穷,是馈赠亲友的上好珍品……

江宁肚包鸡

肚包鸡,菜如其名,指的是用猪肚子包住整个鸡来烹饪,行内美其名曰:凤凰重生。

猪肚加入少许盐,干面、白醋手抓20分钟左右,洗净,去除异味。三黄鸡去内脏洗干净,加入少许绍酒、葱、姜腌制十分钟。

将洗净的猪肚翻过来抹上少许盐,再将整鸡装进猪肚内,再放入冰块中,冰镇30分钟。

将药膳及肚包鸡放入砂锅内煲35分钟左右熟透,加入盐、味精、胡椒即可。

游

江宁有着秀丽的山川，众多的名胜，丰富、璀璨的文化遗产。境内地质条件十分复杂，常态地貌有低山、丘陵、岗地、平原和盆地，其中丘陵岗地面积最大，素有"六山一水三平原"之称。汤山园区已建有南京猿人洞、阳山碑材、水上乐园、温泉度假区以及博物馆区，还有锁石村旅游区。方山已建有北、西两个入区处，有十八盘、天印宫、老石龙池、定林寺、定林斜塔、紫雾茶园等30多处景点。

一、主要园区旅游路线

1. 绝世碑材——阳山碑材（明文化村）

阳山碑材（明文化村）园区是国家4A级风景区，省级文物保护单位，有演绎打造碑材场景的明文化村、奇石林立的阳山怪石林和世界之最的阳山碑材三部分游览区域组成。

特色餐饮：阳山香豆腐、农家土鸡煲、金牌红烧肉。

旅游商品：各种精美工艺品

沿途公交：游5、南汤线、123路：阳山碑材站

票价：48元

开放时间：08:00-17:00

2.先祖遗迹——古猿人洞园区

南京古猿人洞是全国重点文物保护单位。

专家考证，南京古猿人头盖骨距今已有58万~63万年，同时发现的还有十五种动物骨化石共计2000余件，其种类之广和数量之多，是国内外所罕见，其中葛氏斑鹿和肿骨鹿骨骼化石更是在长江以南地区首次发现，此洞被考古专家赞为"古生物宝洞"。

葫芦洞猿人头骨与头盖骨化石的发现被评为年度和"八五"期间全国十大考古发现，和北京猿人处于同时期，恰好一南一北遥相呼应，证实长江流域是中华民族的发祥地之一，更印证了江南人类文明源于汤山。

特色旅游项目：拜古猿人、观钟乳石、看飞天瀑布

旅游商品：各种精美工艺品

沿途公交：南汤线、123路：汤山溶洞站

票价：25元

开放时间：08:00-17:00

3.古火山遗迹——方山园区

方山是金陵主要名胜之一，因山形独特而称为天印方山，现今已建设成为森林公园。

方山是距今1000万年前喷发的一座火山，保存喷发的各种岩石。它是中国东部同时期喷发火山的典型代表，也是我国地质学家程浴淇院士早年（1948年）研究经典区。

方山已建有北、西两个入区处，有十八盘、天印宫、老石龙池、定林寺、定林斜塔、紫雾茶园等30多处景点。处处留有火山喷发遗迹的方山，如今已成为集山之特、林之翠、石之奇、塔之怪、寺之古于一体的地质公园。

特色旅游项目：畅游定林寺，观赏定林寺斜塔，到古火山口观赏火山岩（玄武岩）和喷出地面停留在火山径内的辉绿岩。

旅游商品：各种精美工艺品

沿途公交：江宁区公交7路，终点站设在方山园区北入口停车场。

免费入园，不收门票。

二、周边旅游路线

1.佛教圣迹——射鸟山摩崖石刻

建于永乐初年，有"小千佛岩"和"江南第二云岗"之称。

2.旷世宝刹——延祥寺、藏龙寺、隆昌寺（宝华山）

早在1996年就被林业部批准为国家森林公园，乾隆皇帝六次下江南"六登宝华山"。

3.风光旖旎姊妹湖——安基湖、汤泉湖

安基湖有"小九寨沟"之称。

4.民国印记——蒋介石温泉别墅

原系国民党元老张静江的私人别墅，1927年，他将此别墅送给了新婚燕尔的蒋介石、宋美龄夫妇，后成为蒋氏夫妇的私人专用别墅。

票价：12元

开放时间：08:00-17:00

购

江宁区的地方特产种类繁多，其中较为有名的有南京云锦、金箔工艺品、湖熟板鸭、江宁陆郎茶干、方山紫雾茶、周岗红木等。除此之外，南京雨花台所产的雨花石也是值得收藏的旅游纪念品。

南京云锦

南京江宁织造的云锦一向以柔韧的质地，经久不褪的艳丽色泽独步天下，是南京传统的提花丝织工艺品。其用料考究，织工精细，图案色彩典雅富丽，宛如天上彩云般的瑰丽，故称"云锦"。它与苏州的宋锦、四川的蜀锦齐名，并称中国三大名锦。

云锦以质地坚实，花纹浑厚优美，色彩浓艳为特色，大量使用金线，形成金碧辉煌的独特风格。云锦过去专供宫廷御用，现除少数民族做衣饰外，还出口国外做高档服装面料。南京云锦，配色多达十八种，层层推出主花，富丽典雅。

湖熟板鸭

湖熟板鸭，俗称"琵琶鸭"，是南京的传统特色产品。板鸭是用盐卤腌制风干而成，分腊板鸭和春板鸭两种。因其肉质细嫩紧密，像一块板似的，故名板鸭。南京板鸭的制作技术已有600多年的历史，为金陵人爱吃的菜肴，因而有"六朝风味"，"百门佳品"的美誉。板鸭色香味俱全。外形饱满，体肥皮白，肉质细嫩紧密，食之酥香、回味无穷。

湖熟板鸭风味独特，人们喜吃板鸭赋予了板鸭旺盛的生命力。年复一年，一日三餐，人们对鸭制品食而不厌、盛而不衰。鸭肉特有的保健品质，鸭肉的药用、营养价值是南京人吃鸭、嗜鸭的原因。鸭肉味性寒，是众所周知的食疗佳品。在湖熟地区流行着"中秋吃盐水鸭，入冬吃板鸭

进补"的说法。根据《本草纲目》记载：鸭肉有滋阴养胃、大补虚劳、清热解毒、除水肿、利脏腑、定惊痛等功效。《滇南本草》记载：老鸭同香菇、枸杞子一起煮食，补气而强体；同鸡一起煮食治血晕、头痛。因此，明清官吏富人之间渐渐以鸭相赠成为时尚，由于地方官进贡朝廷，故又名"贡鸭"。朝廷官员在互访时以板鸭为礼品互赠，故又有"官礼板鸭"之称。

金箔工艺品

江宁金箔的历史可追溯到1700多年前，为中华传统生产工艺。1克黄金锤打出来的金箔可覆盖0.47平方米的面积。主要用于建筑、服饰、工艺品、佛像装饰贴金以及名贵中成药的配方。

北京天安门、人民大会堂、中央电视台、西藏布达拉宫等建筑装饰的金箔均为江宁生产。

金箔工艺品主要有佛像、生肖、花鸟、龙凤呈祥物、金像卡、金箔画、纪念的名人金像卡、纯佛像卡、纯金佛像卡、纯金名片等，具有浓郁的文化底蕴和丰富的神蕴，是馈赠亲友、典藏纪念的精美饰品。

江宁陆郎茶干

陆郎茶干是江宁土特产品之一，在南京地区远近闻名。

相传很久以前，由于交通不便，加上生活艰苦，每逢过年，穷苦人家只能做些豆腐充当佳肴。为了便于存放，他们将新鲜豆腐卤成咸辣味，然后铺上稻草用文火烘，这样卤过再烘，烘过再卤重复数次，便成了色如棕栗的陆郎茶干。

目前，陆郎茶干主要集中在江宁街道陆郎桥西一带，一共有四家。韩大南茶干为其代表，各家茶干配料从不外传，但由于市场的原因，各家又都处在继承乏力的尴尬境地。

2008年，陆郎茶干加工制作技艺被江宁区人民政府列入第一批江宁区非物质文化遗产名录。

方山紫雾茶

方山紫雾茶生产地处南京中华门外,秦淮河畔,为2.5亿年火山爆发时,由火山浆所形成的一座最年轻的孤山上。这里山峦重叠,风景如画,土地由玄武岩发育而成的紫色沙壤土,土壤肥沃,加之雨水充沛,林木茂盛,形成了特殊的生态环境。空气清新,晨雾弥漫,造就了特殊的茶叶内质,在唐朝方山紫雾茶就闻名全国。近年来,方山紫雾在制作工艺中,采用现代的生物工程技术,在加工过程中充分体现了名茶的品质特征,在现代的芽茶产品中独辟蹊径。色泽翠绿、藏而不露、汤色明清、香气清爽、滋味甘甜,叶底嫩绿整齐,在玻璃杯中冲泡时,芽头在玻璃杯挺直竖立,在杯口像倒挂的翠针,在杯底芽尖朝上直立,像雨后春笋,在杯中三上三下,浮动不止,清汤绿叶栩栩如生,不失为一种高级饮料。

扶余老醋

扶余老醋以东北特产红高粱为主料,使用小米、大米、黄米、小麦等五种粮食,采用传统工艺和现代科学相结合精心酿制而成。各生产工艺实行质量监控,再经灭菌、沉淀等工序取得了老醋特有的色、香、味。其理化、卫生指标均达到国家标准。本品含有醋酸外另含多种维生素。具有促进人体新陈代谢调整机体功能,防病治病等功效。常用本品可治疗高血压病、冠心病,还可防治流行性感冒、传染性肝炎等疾患,是一种对人体有益无害而不可多得的高级调味品。

周岗红木

周岗红木选用正宗进口缅甸花梨木,采用中国传统大漆生产工艺,设计精良,做工考究。各类中、高档红木家具和各种工艺品均由手工工艺雕凿成,人物、花鸟、山水园林图案千姿百态、栩栩如生。

雨花石

雨花石是南京特有的旅游纪念品。雨花石质地坚硬,是石英、玉髓和蛋白石形成的珍贵宝石,俗称"雨花玛瑙"。自古以来,文人雅士都喜欢将雨花石养在水盂中,陈列案头,晶莹圆润,奇巧多样。从欣赏角度来说,其精品可以从色、纹、质、形四个方面看,四者皆备者为上品。

相传南朝梁代云光法师在南京聚宝山讲经,感动了苍天,降花为雨,为五色小石,纹彩斑斓,故名为雨花石。盛产于雨花台、六合、江浦等地。

娱

金陵五月风文学艺术节是全市十大节庆活动之一，江宁之春群众文化艺术节是江宁区文化品牌。2005年，成功举办第五届江宁之春群众文化节，创作文艺作品145件并在舞台上演。江宁区具有民俗特色的娱乐节目有铜山狮舞队、神虎刨泉、方山大鼓、南京白局、荡湖船等。

铜山狮舞队

江宁区禄口曹村、沈庄一带流传的"高台狮子"历史悠久、技巧较高，动作细致，情趣可掬。演员在叠起的3张桌子和1张板凳上表演自如，并能在高台上翻滚倒立。现已推陈出新，口耳眼尾均能活动，深受观众喜爱。

神虎刨泉

在江苏江宁县淳化乡新庄村东山附近，有一处绝幽名胜——虎洞，自古闻名。这里虽无奇峰险壑，但松竹繁茂，郁郁葱葱，四季如春，层林尽染，如遇东升朝日，云蒸霞蔚，气象万千，景色更加宜人，人称"虎洞明曦"，乃古金陵四十八景之一。相传，这一带地方过去很富庶，年年风调雨顺，五谷丰登。可是，有一年却干旱无雨，水涸田裂，眼看恶运就要降临。于是，人们纷纷敬神拜佛，求雨消灾，无奈天公并不作美，饥渴的人们只有望天兴叹。突然，从东山的一个石洞中跑出一只五彩斑斓的猛虎，径直跑到山下，前爪不停地刨土。众人见虎色变，惊恐万状，四散奔逃。几天后，有些胆大的人出于好

奇下山看个究竟。真是奇迹：原来在虎刨的地方，竟然出现了一口清泉，水质清澈甘甜，汩汩奔涌。众乡亲都说这是"神虎"搭救。从此，人们就把"神虎"奔跑出来的洞口叫做虎洞。"神虎刨泉"的传说一直流传至今。

方山大鼓

源于江宁区方山陶家庄每年农历三月初十至十三的祭祀活动。相传陶姓祖先曾于明末随闯王李自成南征北战，是起义军的"鼓手"，专门擂"进攻鼓"、"得胜鼓"。李闯王兵败后，他只身隐姓埋名逃至方山务农，繁衍后代。因思念闯王，遂代代相传擂鼓以纪念。清咸丰年间，陶家庄有青年名陶正昌，在太平军忠王李秀成帐下任亲兵，深得赏识。太平天国失败后，李秀成被杀，陶正昌逃回家乡。他与村民们约定，以李秀成当年三月初十来村这一天为纪念日，并用陶家庄特有的擂鼓敬神方式祭悼忠王和太平军英烈。擂鼓队由男性青壮年组成，全部白衣、白帽、白鞋。10面大鼓、10面大锣，四周簇拥着"神"字大旗和纸人纸马，气势雄壮。整个活动要持续3天。100多年来，方山大鼓从鼓点到韵律、节奏，以及伴舞编排，都有了极大的改进和提高，服装出由单一白色改为彩色，以示喜庆。特别是以"得胜鼓"为节奏创作的《麻雀蹦》击鼓舞蹈，其声威和气势都达到了炉火纯青的地步。如今方山大鼓这一民间艺术奇葩，经过发掘整理和重新编排，以其特有的文化内涵，已被收入《中国民间舞蹈集成》一书。方山大鼓队也成为许多大型庆典活动竞相邀请的对象。

南京白局

江宁区是南京白局发源地之一。明清时期南京地区的丝织业相当发达，东南部山区如陶吴、横溪、铜山、丹阳、禄口、谷里、陆郎一带人民很久前就有植桑养蚕的传统，人们在机房生产时为了消除疲劳，常哼唱民间小曲，天长日久逐渐形成了固定的程式。由于演唱者不取报酬，演唱实际是白唱一局，故称"白局"。

白局是南京地区民间的方言说唱，以"南京调"为古腔本调，此调又称"数板"或"新闻腔"，其他主要曲调为"满江红"、"梳妆台"、"哭小郎"、"穿心"、"剪剪花"、"老八板"、"闪板"等。

白局演唱曲目其内容大都是自编当地的新闻趣事，短小风趣，比下层社会的"说报"前进了一步。有许多段子较真实地揭露了当时社会的黑暗，讴歌了劳动人民的斗争。如《抢官米》、《倒文德桥》、《南门外倒城墙》、《打议员》、《抵制日货》、《过水荒》等。

马灯

江宁区马灯流传较广，以小丹阳、横溪、秣陵等乡的演出最佳。演出时1组12匹，一般由两组24匹马窜阵。每组前由1人举引灯领阵。扮解马的演员，在马灯休息间歇中即兴演唱逗趣，还有一套诙谐风趣的"数马歌"。

荡湖船

又称花船舞、荡旱船，是一项为城乡居民所熟

知的民间集体舞，已有1300多年历史。相传当年是为纪念大禹治水有功而做，明代时，荡湖船被装饰得胜似秦淮河上的笙歌画舫，湖熟的荡湖船最早始于清代。受江南习俗的影响，一船二人，一女扮渔姑称"旦"，一男扮渔翁为"丑"。2008年湖熟荡湖船被列入第一批江宁区非物质文化遗产名录。

南京欢乐水魔方水上乐园

南京欢乐水魔方水上乐园以丰富多彩、惊险刺激的水上游乐设施为主的大型水上主题游乐园。园区分为激情冲浪区、魔法滑道区、儿童戏水区、歌舞表演区、休闲区、SPA水疗区六大区域。

乐园地址：南京市江宁区汤山街道黄栗墅

咨询电话：025-84103566

汤山翠谷现代农业科技园

南京汤山翠谷生态旅游度假村是在观光休闲配套全的现代农业高科技生态观光园基础上建立而成的。园内视野开阔，布局合理，果茶林木成行成列，大棚设施规模宏大。宽广的葡萄架下果实累累，此起彼伏的山丘上葱绿满眼、果茶满坡。是以赏花、尝果、品茶、垂钓为主题的农业观光休闲园。

地址：南京市江宁区汤山街道上峰路1号

咨询电话：025-87161777

江苏汤山方山国家地质公园网址www.tfnpk.com

江宁民俗文化

江宁区山水人文浑然天成，历史文化底蕴深厚。"南京猿人"的发现，使江宁的历史可追溯到50万年前。长江文化、秦淮河文化、湖熟文化在这里融汇；秣陵、丹阳、湖熟西汉侯国的历史文化在这里沉淀；牛首山佛教、方山道教、湖熟伊斯兰教等宗教文化在这里生存发展。

江宁人勤于劳作，农工皆本，义利并重，故物产丰富、百工兴盛。史有"上元之民善商，江宁之民善田，龙都之民善药，善桥之民善陶，陶吴之民善剞劂，秣陵之民善织，窦村之民善刻"之说及"天下望县、国中首善之地"之美誉。

江宁人崇学重教。唐代上元、江宁两县有进士、举人1136名。如今全区已建立起完善的教育体系，并引进了15所国内知名大学进驻区内的大学城。江宁人开放包容。江宁曾是"六朝金粉地，十代帝王家"。明清两代大规模的人口流动，造就了兼容并蓄、包容豁达、宽厚开放的秉性。

悠久的历史，厚重的文化底蕴，给江宁增添了浓郁的文化氛围。改革开放以来，江宁人继往开来，发挥和利用深厚的文化资源优势，文化事业稳步发展，文化设施全面改善，群众文化活动丰富多彩，成为全市文化强区。

中国国家地质公园丛书编制出版编目
ZHONGGUO GUOJIA DIZHIGONGYUAN CONGSHU BIANZHI CHUBAN BIANMU

卷本编号	分册序号	国家地质公园名录		卷本编号	分册序号	国家地质公园名录
第一卷		**北京卷**		2	140	吉林长白山火山国家地质公园
1	025	北京石花洞国家地质公园		3	181	吉林乾安泥林国家地质公园
2	036	北京延庆硅化木国家地质公园		4	207	吉林抚松国家地质公园
3	062	北京十渡国家地质公园		**第八卷**		**黑龙江卷**
4	166	北京密云云蒙山国家地质公园		1	006	黑龙江五大连池火山地貌国家地质公园 ■
5	175	北京平谷黄松峪国家地质公园		2	024	黑龙江嘉荫恐龙国家地质公园
第二卷		**天津卷**		3	083	黑龙江伊春花岗岩石林国家地质公园
1	019	天津蓟县国家地质公园		4	090	黑龙江镜泊湖国家地质公园
第三卷		**河北卷**		5	127	黑龙江兴凯湖国家地质公园
1	027	河北涞源白石山国家地质公园		6	179	黑龙江伊春小兴安岭国家地质公园
2	029	河北秦皇岛柳江国家地质公园		7	219	黑龙江凤凰山国家地质公园
3	032	河北阜平天生桥国家地质公园		**第九卷**		**上海卷**
4	069	河北赞皇嶂石岩国家地质公园		1	138	上海崇明岛国家地质公园
5	070	河北涞水野三坡国家地质公园		**第十卷**		**江苏卷**
6	100	河北临城国家地质公园 ■		1	075	江苏苏州太湖西山国家地质公园
7	108	河北武安国家地质公园 ■		2	121	江苏六合国家地质公园
8	165	河北兴隆国家地质公园		3	158	江苏江宁汤山方山国家地质公园 ■
9	170	河北迁安-迁西国家地质公园		**第十一卷**		**浙江卷**
10	192	河北邢台峡谷群国家地质公园		1	026	浙江常山国家地质公园
11	206	河北承德国家地质公园		2	038	浙江临海国家地质公园
第四卷		**山西卷**		3	047	浙江雁荡山国家地质公园 ■
1	030	黄河壶口瀑布国家地质公园		4	055	浙江新昌硅化木国家地质公园
2	120	山西五台山国家地质公园		**第十二卷**		**安徽卷**
3	133	山西壶关峡谷国家地质公园		1	012	安徽黄山国家地质公园 ■
4	134	山西宁武冰洞国家地质公园		2	028	安徽齐云山国家地质公园
5	177	山西陵川王莽岭国家地质公园		3	035	安徽浮山国家地质公园
6	183	山西大同火山群国家地质公园 ■		4	041	安徽淮南八公山国家地质公园
7	191	山西平顺天脊山国家地质公园		5	060	安徽祁门牯牛降国家地质公园
8	195	山西永和黄河蛇曲国家地质公园		6	089	安徽天柱山国家地质公园
第五卷		**内蒙古卷**		7	092	安徽大别山（六安）国家地质公园
1	014	内蒙古克什克腾国家地质公园 ■		8	145	安徽池州九华山国家地质公园
2	066	内蒙古阿尔山国家地质公园		9	182	安徽凤阳韭山国家地质公园 ■
3	122	内蒙古阿拉善沙漠国家地质公园		10	198	安徽广德太极洞国家地质公园
4	147	内蒙古二连浩特国家地质公园		11	200	安徽丫山国家地质公园
5	159	内蒙古宁城国家地质公园		**第十三卷**		**福建卷**
6	208	内蒙古巴彦淖尔国家地质公园		1	008	福建漳州滨海火山地貌国家地质公园
7	210	内蒙古鄂尔多斯国家地质公园		2	021	福建大金湖国家地质公园 ■
第六卷		**辽宁卷**		3	058	福建晋江深沪湾国家地质公园
1	049	辽宁朝阳鸟化石国家地质公园		4	067	福建福鼎太姥山国家地质公园
2	125	大连滨海国家地质公园		5	078	福建宁化天鹅洞群国家地质公园
3	130	辽宁本溪国家地质公园		6	091	福建德化石牛山国家地质公园
4	137	大连冰峪沟国家地质公园		7	096	福建屏南白水洋国家地质公园
第七卷		**吉林卷**		8	103	福建永安国家地质公园
1	077	吉林靖宇火山矿泉群国家地质公园		9	149	福建连城冠豸山国家地质公园

卷本编号	分册序号	国家地质公园名录
10	167	福建白云山国家地质公园
11	194	福建平和灵通山国家地质公园
12	197	福建政和佛子山国家地质公园

第十四卷　江西卷

1	004	江西庐山第四纪冰川国家地质公园
2	011	江西龙虎山丹霞地貌国家地质公园
3	102	江西三清山国家地质公园
4	124	江西武功山国家地质公园

第十五卷　山东卷

1	018	山东山旺国家地质公园
2	034	山东枣庄熊耳山国家地质公园
3	079	山东东营黄河三角洲国家地质公园
4	086	山东泰山国家地质公园
5	101	山东沂蒙山国家地质公园
6	114	山东长山列岛国家地质公园
7	144	山东诸城恐龙国家地质公园
8	164	山东青州国家地质公园
9	185	山东莱阳白垩纪国家地质公园
10	202	山东沂源鲁山国家地质公园

第十六卷　河南卷

1	003	河南嵩山地层构造国家地质公园
2	022	河南焦作云台山国家地质公园
3	037	河南内乡宝天曼国家地质公园
4	045	河南王屋山国家地质公园
5	051	河南西峡伏牛山国家地质公园
6	054	河南嵖岈山国家地质公园
7	088	河南郑州黄河国家地质公园
8	099	河南关山国家地质公园
9	107	河南洛宁神灵寨国家地质公园
10	110	河南洛阳黛眉山国家地质公园
11	117	河南信阳金刚台国家地质公园
12	173	河南小秦岭国家地质公园
13	176	河南红旗渠—林虑山国家地质公园
14	211	河南汝阳恐龙国家地质公园
15	214	河南尧山国家地质公园

第十七卷　湖北卷

1	073	长江三峡国家地质公园（湖北）
2	104	湖北神农架国家地质公园
3	132	湖北木兰山国家地质公园
4	136	湖北郧县恐龙蛋化石群国家地质公园
5	143	湖北武当山国家地质公园
6	171	湖北黄冈大别山国家地质公园
7	203	湖北五峰国家地质公园
8	213	湖北咸宁九宫山—温泉国家地质公园

第十八卷　湖南卷

卷本编号	分册序号	国家地质公园名录
1	002	湖南张家界砂岩峰林国家地质公园
2	042	湖南郴州飞天山国家地质公园
3	043	湖南崀山国家地质公园
4	098	湖南凤凰国家地质公园
5	118	湖南古丈红石林国家地质公园
6	126	湖南酒埠江国家地质公园
7	154	湖南乌龙山国家地质公园
8	169	湖南湄江国家地质公园
9	196	湖南平江石牛寨国家地质公园
10	218	湖南浏阳大围山国家地质公园

第十九卷　广东卷

1	016	广东丹霞山国家地质公园
2	031	广东湛江湖光岩国家地质公园
3	081	广东佛山西樵山国家地质公园
4	085	广东阳春凌宵岩国家地质公园
5	093	广东深圳大鹏半岛国家地质公园
6	097	广东封开国家地质公园
7	135	广东恩平地热国家地质公园
8	168	广东阳山国家地质公园

第二十卷　广西卷

1	044	广西资源国家地质公园
2	050	广西百色乐业大石围天坑群国家地质公园
3	053	广西北海涠洲岛火山国家地质公园
4	106	广西凤山岩溶国家地质公园
5	123	广西鹿寨香桥岩溶国家地质公园
6	156	广西大化七百弄国家地质公园
7	163	广西桂平国家地质公园
8	189	广西宜州水上石林国家地质公园
9	199	广西浦北五皇山国家地质公园

第二十一卷　海南卷

1	074	海南海口石山火山群国家地质公园

第二十二卷　重庆卷

1	065	重庆武隆岩溶国家地质公园
2	073	长江三峡国家地质公园（重庆）
3	084	重庆黔江小南海国家地质公园
4	131	重庆云阳龙缸国家地质公园
5	160	重庆万盛国家地质公园
6	178	重庆綦江木化石—恐龙国家地质公园
7	209	重庆酉阳国家地质公园

第二十三卷　四川卷

1	007	四川自贡恐龙古生物国家地质公园
2	010	四川龙门山构造국家地质公园
3	017	四川海螺沟国家地质公园
4	020	四川大渡河峡谷国家地质公园
5	033	四川安县生物礁国家地质公园

中国国家地质公园丛书编制出版编目
ZHONGGUO GUOJIA DIZHIGONGYUAN CONGSHU BIANZHI CHUBAN BIANMU

卷本编号	分册序号	国家地质公园名录
6	046	四川九寨沟国家地质公园
7	048	四川黄龙国家地质公园
8	064	四川兴文石海国家地质公园 ■
9	094	四川射洪硅化木国家地质公园
10	095	四川四姑娘山国家地质公园
11	113	四川华蓥山国家地质公园
12	119	四川江油国家地质公园
13	152	四川大巴山国家地质公园
14	157	四川光雾山—诺水河国家地质公园
15	212	四川青川地震遗迹国家地质公园
16	216	四川绵竹清平—汉旺国家地质公园

第二十四卷 贵州卷
1	052	贵州关岭化石群国家地质公园
2	063	贵州兴义国家地质公园
3	080	贵州织金洞国家地质公园
4	082	贵州绥阳双河洞国家地质公园
5	115	贵州六盘水乌蒙山国家地质公园
6	128	贵州平塘国家地质公园
7	150	贵州黔东南苗岭国家地质公园
8	153	贵州思南乌江喀斯特国家地质公园 ■
9	204	贵州赤水丹霞国家地质公园 ■

第二十五卷 云南卷
1	001	云南石林岩溶峰林国家地质公园 ■
2	005	云南澄江动物群古生物国家地质公园
3	015	云南腾冲火山国家地质公园
4	056	云南禄丰恐龙国家地质公园
5	059	云南玉龙黎明—老君山国家地质公园
6	087	云南大理苍山国家地质公园
7	141	云南丽江玉龙雪山冰川国家地质公园
8	146	云南九乡峡谷洞穴国家地质公园
9	184	云南罗平生物群国家地质公园
10	188	云南泸西阿庐国家地质公园

第二十六卷 西藏卷
1	040	西藏易贡国家地质公园
2	129	西藏札达土林国家地质公园
3	161	西藏羊八井国家地质公园

第二十七卷 陕西卷
1	009	陕西翠华山山崩地质灾害国家地质公园

卷本编号	分册序号	国家地质公园名录
2	030	黄河壶口瀑布国家地质公园
3	039	陕西洛川黄土国家地质公园
4	111	陕西延川黄河蛇曲国家地质公园
5	162	陕西商南金丝峡国家地质公园
6	180	陕西岚皋南宫山国家地质公园
7	193	陕西柞水溶洞国家地质公园
8	215	陕西耀州照金丹霞国家地质公园

第二十八卷 甘肃卷
1	013	甘肃敦煌雅丹国家地质公园
2	023	甘肃刘家峡恐龙国家地质公园
3	061	甘肃景泰黄河石林国家地质公园
4	071	甘肃平凉崆峒山国家地质公园
5	155	甘肃和政古生物化石国家地质公园
6	172	甘肃天水麦积山国家地质公园
7	190	甘肃炳灵国家地质公园
8	201	甘肃张掖国家地质公园

第二十九卷 青海卷
1	068	青海尖扎坎布拉国家地质公园
2	105	青海久治年宝玉则国家地质公园
3	112	青海格尔木昆仑山国家地质公园
4	116	青海互助嘉定国家地质公园
5	174	青海贵德国家地质公园
6	205	青海青海湖国家地质公园
7	217	青海玛沁阿尼玛卿山国家地质公园

第三十卷 宁夏卷
1	076	宁夏西吉火石寨国家地质公园
2	151	宁夏灵武国家地质公园

第三十一卷 新疆卷
1	057	新疆布尔津喀纳斯湖国家地质公园
2	072	新疆奇台硅化木—恐龙国家地质公园
3	109	新疆富蕴可可托海国家地质公园
4	142	新疆天山天池国家地质公园
5	148	新疆库车大峡谷国家地质公园
6	186	新疆吐鲁番火焰山国家地质公园
7	187	新疆温宿盐丘国家地质公园

第三十二卷 香港卷
1	139	香港国家地质公园

注：① 《中国国家地质公园丛书》分册编目序号，按照国土资源部公布的各批国家地质公园名录顺序编列。该序号为该公园专用号；
② 《中国国家地质公园丛书》卷本编号按中国地图集各省(直辖市、自治区)排序编列；
③ 本编目截至2011年12月30日国土资源部公布的第六批国家地质公园资格；
④ ■ 为已出版书目。